動物園は進化する

ゾウの飼育係が考えたこと

川口幸男/アラン・ルークロフト
Kawaguchi Yukio　Alan Roocroft

JN178548

★——ちくまプリマー新書

327

目次 ＊ Contents

イラスト＝水木繁、ＹＨＢ編集企画

はじめに

町の中でゾウやライオンのような、野生の大型動物を飼うことを想像してみよう。

そのためには、飼育する広い場所や頑丈な檻《おり》、大量の餌や水が必要。犬や猫をペットとして飼うのとは訳が違う。動物が好きだからといって、一個人が飼えるような動物ではない。でも私たちにはそんな動物を直接見たいという欲求がある。だから動物園に行き、ゾウやライオンを間近で見て、その大きさや迫力を体感する。

ゾウは動物園で人気投票をすれば、必ず上位に入る動物だ。

皆さんはゾウをどんな動物とイメージするだろう。優しい・穏やか・頭がいい……そんなところだろうか。しかし陸上に棲《す》む動物の中で最も体が大きく力が強いだけに、ゾウの飼育に携わる動物園の飼育係や、ゾウの原産国で長年ゾウと接しているゾウ使いでさえ、ゾウとのトラブルが多いのが現実である。ゾウに踏まれて重傷を負うとか、ベテランの飼育係がゾウの鼻で跳ね飛ばされたとか、近年ニュースなどでも耳にしたことがあるだろう。

自然界では絶滅が危惧される動物が増え続け、いまやゾウも絶滅危惧種にリストアップされており、決して例外ではない。1900年のタイには、5～10万頭の飼育ゾウがいた。その頃の野生ゾウはアジア全体では1000万頭に達していたかもしれない。それが現在では、わずか3～4万頭にまで激減している。激減の理由には生息地の自然破壊や象牙を採るための密猟など、人間の行いが大きく影響している。

野生種が激減していて、動物園での繁殖も難しいとされているので、「このままでは、50年後には動物園でゾウが見られなくなるかもしれない」とさえ言われているのだ。

本書では、まずゾウとはいったいどんな動物なのか、ゾウという動物をより理解していただくために、現存する3種のゾウの特徴や生態を簡潔にまとめた。そして使役動物として扱われてきたアジアゾウの歴史と、過去から現在の動物園における飼育の歴史、さらに世界の動物園が今、ゾウの飼育をどう考えているのか、北米在住のゾウのコンサルタントであるアラン・ルークロフトと、41年間上野動物園でアジアゾウの飼育に携わった私（川口）の体験をもとに紹介する。

ゾウの飼育を行っていた私がアランと知り合った当初は、二人ともゾウの原産国の飼育法を手本とした直接飼育を行っていた。しかし数年前に再会したときの彼の飼育管理法は変わっていた。「人にもゾウにもやさしい飼育法」、いわゆる準間接飼育（プロテクテッド・コンタクト）という方法を提唱していたのだ。数千年に及ぶゾウ調教の歴史を一変させたこの準間接飼育は、ゾウ本来の生態を考慮しながらゾウをケアし、さらに飼育係の安全を考えた飼育方法である。その方法を聞き、ゾウ飼育40年のキャリアのある私でさえ大いに共感したのだ。生まれ育った国や文化が違っても、私たちはゾウの飼育という動物園の一つの仕事で、お互いに共鳴した。

飼育の危険性や繁殖の困難さを克服するために、動物園のゾウの飼育管理法は、ここ20年で大きな変革期に入っている。その牽引役《けんいんやく》の一人がアランだ。彼は世界中の多くの動物園に招かれ、自身の提唱する準間接飼育を指導している。今、世界の動物園ではゾウの飼育管理法が準間接飼育に移行し始めている。アランは、日本にも年に数回訪れ、東京の上野動物園や多摩動物公園、北海道の札幌市《さっぽろし》円山《まるやま》動物園などで指導にあたっている。

一昨年、アランから、「川口さん、こうやっておよそ30年ぶりに再会し、それぞれの国でゾウに関連した仕事をしてきた私たちが今、同じ方向で歩んでいる。二人でゾウの繁殖を成功させる『ゾウの夢を叶《かな》える本』を残しませんか」と提案された。まさにこの本がそれに当たる。

さまざまな動物を見ることのできる動物園、昔は見て楽しむだけの施設だった。世話をする飼育係の仕事も餌やりと施設の掃除が主であった。かねてより動物園には、「野生動物の観察」「野生動物を通した環境教育」「野生動物の保護・繁殖」「野生動物や自然環境の研究」という四つの目的があったものの、実行され始めたのは近年のことである。今では飼育係の仕事も、単に餌やりと掃除だけではなく、動物の行動やまだまだ解明されていない動物の生態を知るために観察したり、統計を取ったり、来園者に動物のガイドを行ったりする。さらには繁殖にも力を注ぐことが求められている。動物園のあり方は時代とともに変化しているのだ。近年、多くの動物園が、動物の福祉と健康を考えた展示に工夫をこらしている。東京都多摩動物公園のオランウータンのスカイウォークや、北海道の旭川市旭山《あさひやま》動物園の上下運動を見せるアザラシや空中を飛ぶように泳ぐペンギンなど、人間の言葉を話せない動物の行動を理解し、その動物に合った施設を提供し、不適切な環境からくるストレスを和らげるための常同行動を防ぐようにしようと、動物の命を預かる飼育係は常に愛情を持って動物に接している。

重さが人間の何十倍もある巨体のゾウにもついに新たな試みが実現され始めているのだ。ゾウを扱う飼育係の安全を考え、ゾウにとっても最適な環境を整えて飼育することでゾウ本来の行動が見られるのではなかろうか。そしてこれまで難しいとされてきたゾウの繁殖を、もっと成功させることができるのではないか。そうすれば未来の動物園でもゾウを見られることにつながるのではないか。私たちはそう考える。

またこの本を通して、私たち市民がゾウを飼うこと、ひいては動物園という施設を持つとはどういうことかを考えていただけたら幸いである。

川口幸男

アラン・ルークロフト

2019年5月

第一章　ゾウとはどんな動物か

長鼻目《ちょうびもく》（ゾウ目）の仲間は過去の化石種を含めて150種以上（161種や175種とする学者もいる）が地球上に存在したといわれている。最古の祖先は北アフリカ・エジプトのファイユーム盆地にあったメリ湖で約5000万年前の地層から発見されたメリテリウム（モエリテリウム）で、大型のブタかバクくらいの大きさで鼻も肢も短く水辺近くに生活していたと考えられていた。

日本で最古の長鼻目についても学者によって諸説あるが、岐阜県では約2500万年前の地層からアネクテンスゾウの化石が発掘された。アネクテンスゾウは、ゴンフォテリウム科に属する種で、牙（門歯《もんし》・切歯《せっし》）が上下に生えていた。そ

メリテリウム

の後各地で20種類以上の化石が発掘されている。三重県や仙台市（宮城県）では500〜300万年前の地層から、八王子市（東京都）では約250万年前の地層からハチオウジゾウの化石が発掘されている。ゾウ科はナウマンゾウ属、マンモス属、アジアゾウ属、アフリカゾウ属の4属に分類される。このうちマンモス属の化石は北海道でのみ発掘されている。長野県の野尻湖《のじりこ》はナウマンゾウの化石が多く出土した場所として有名である。

1970年頃、東京大学や日本大学で化石を研究していた若い先生たちが、夏休みになると、野尻湖の発掘に参加していた小中学生を10人くらいずつ連れて上野動物園のゾウ舎に来た。ふだん骨ばかり見ているので本物のゾウを見せて実感させてほしいというのだ。子どもたちは一人ずつ、柵越しにペレット（固形飼料）やリンゴを与えながら巨大なゾウの頭を見上げ、筋肉だけの鼻や体をさわり大喜びだった。

現存するゾウはゾウ科に分類され、その祖先はおよそ800万年前に出現しているが、現存しているゾウはアフリカゾウ属の2種、アフリカマルミミゾウ（以下マルミミゾウ）とアフリカサバンナゾウ（以下サバンナゾウ）、およびアジアゾウ属のアジアゾウ1種の計3種である（アジアゾウには生息域により、インドゾウ・セイロンゾウ・スマトラゾウなどの亜種がある）。

アフリカサバンナゾウ Loxodonta africana africana	アジアゾウ Elephas maximus maximus

2,400～8,000kg	2,000～7,000kg
600～750cm	550～640cm
240～400cm	200～350cm
肩部	背の中央、または頭部
荒く、しわが多い	しわが細かく、なめらかな肌
ほぼ平ら	こぶが2つある
中央がへこむ	緩やかな山形のカーブ、または平ら
前方に向かって伸びる	メスは短く約30cm未満
21対	スマトラゾウ20対、 インドゾウ・スリランカゾウ19対

鼻先の突起		歯の咬合面		アジアゾウの足裏の形状	
アフリカゾウ	アジアゾウ	アフリカゾウ	アジアゾウ	前足	後ろ足
	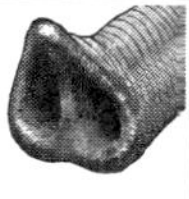				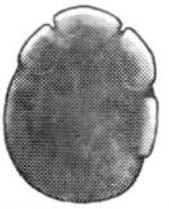

④右後肢着地と同時に右前肢を上げる。

⑤右前肢を進める。

⑥この姿勢から①に続く。

アフリカゾウ（マルミミゾウ、サバンナゾウ）、アジアゾウ　３種の体格の特徴

	アフリカマルミミゾウ *Loxodonta africana cyclotis*
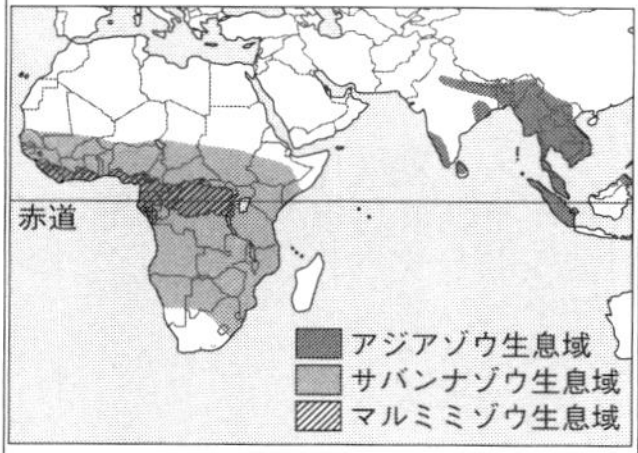	
体重	2,000〜6,000kg
体長	600〜750cm
肩高	160〜290cm
一番高い部位	腰部
皮膚	サバンナゾウよりしわが少ない
頭部の形	ほぼ平ら
背（稜線）	頭部から腰部にかけて緩やかにへこむ
牙	雌雄あり下方に向かって伸びる
肋骨の数	21対

注）まれに巨大な個体や小型の個体がいる。マルミミゾウでは肩高285㎝、体重推定６ｔ。サバンナゾウではスミソニアン博物館に剝製が展示されているオスが肩高381㎝、体重は10ｔ以上と推定されている。現在、神戸市立王子動物園で飼育中のアジアゾウのオスは体高350㎝と発表されている。東京都多摩動物公園で飼育されていたサバンナゾウのオスは体高345㎝、体重7,560kgあった。ボルネオ島には、体高が２ｍ前後の小型のグループも生息している。

ゾウの歩き方

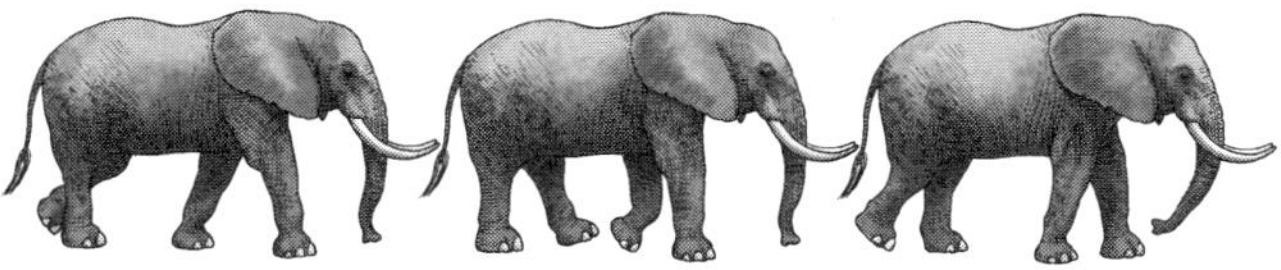

①左後肢を上げる。　②左後肢着地と同時に左前肢を上げる。　③右後肢を上げる。

ゾウの不思議なカラダ

①体形

全骨重量は体重の15～17％あり、頭部の重さは体重の12～25％である。大脳は重量が約5キロで周囲を蜂の巣のような含気《がんき》骨《こつ》でおおわれている。これは鳥の骨格（体重を軽くする構造）と同じで、大きな頭部の重量を軽くして巨大な鼻や歯、耳を動かす筋肉をつけるためのスペースとしての役割を果たしている。そして大きな頭部を保つため後軀《こうく》が発達してバランスを保っている。昔のゾウ狩りの記録に〝弾が頭部に当たったが倒れずにそのまま突進してきてハンターが殺された〟という話が載っていた。大きな頭部に命中しても、脳に命中しなければ倒すことはできないのだ。脳の大きさは、一例を示せば26×25×12・5センチだ。

アジアゾウとアフリカゾウ2種の体形の違いは、アジアゾウの背中は緩やかな山形か平らである。マルミミゾウは背中のへこみは緩いが、サバンナゾウは大きくへこんでいる。

アジアゾウは、首を45度の角度で持ち上げている関係で個体差はあるが背の中央部が一番高い個体が多く、まれに頭頂が一番高い個体もいる。私が上野動物園で担当していたアジアゾウのオス・メナムは背の中央が一番高く3メートル20センチもあった。外国から来園した動物園関係者もその大きさに驚いていた。マルミミゾウは腰部が高く、サバンナゾウは首をほぼ水平に保っているので肩部が高い。

骨格で見ると肋骨《ろっこつ》の上部に棘突起《きょくとつき》がついており、この長さで背の曲線が変わっている（16、17ページの図参照）。

肋骨の数は、アジアゾウは亜種間で差があり、スリランカゾウとインドゾウは19対、スマトラゾウは20対、それに対して、マルミミゾウとサバンナゾウは21対である。

②鼻

ゾウには、ほかの動物にはない長い鼻がある。進化の過程で体が大きく頭も大きくなったゾウは首が短い。体形の変化により、水を飲んだり餌を食べて生き延びるために、鼻は長くなったと考えられる。成獣の鼻の長さは2メートル前後あるが、そのつくりは人間の鼻とよばれる部位と上唇が一緒に伸びたもので、鼻の中には骨や軟骨は存在しない。組織はすべて筋肉で構成され、その筋肉の数は5万以上（学者によって約10万、約15万などの説もある）。上《じょう》口蓋《こうがい》には豆粒ほどのヤコブソン器官（鋤鼻器《じょびき》）の穴が2個開口している。ゾウは鼻端に付着した匂いの粒子を口の中に入れて、ヤコブソン器官の部位につけて匂いの分析をしている。

ヤコブソン器官（鋤鼻器）　乙津和歌提供

鼻の役割は多様である。細かい動きができ、人間の手のような役割を果たし、万能の手とも称される。鼻全体を伸縮することができ、鼻先の約50センチは皺《しわ》が多く自在に曲げることができる。鼻端は大人の握りこぶし程度の大きさで、短い剛毛が生え、それが触覚の役割を果たしている。アジアゾウには上側に指のような突起が一つあり、草一本でもつまむことができる。アフリカゾウ2種にはこの突起が上下に1対ある（16ページの図参照）。

単純に鼻で持ち上げるだけであれば、300〜500キロの重さのものを持ち上げられる。この数値は、動物園で遊具として与えた約400キロの大型トラックのタイヤを持ち上げた記録から推定したものだが、人間に個人差があるように、材木運びなどを行っている使役ゾウと動物園でのんびり過ごしているゾウとでは大差がある。

鼻で押す力は強く、アフリカゾウ2種は自分の全体重を鼻にかけて、生えている木を押し倒し、その枝や葉を採食する。自分の体重の利用の仕方をよく知っていることには驚かされる。

水を飲むときは、鼻で水を一度吸い込んで貯めてから、頭を少しあげて、鼻先を口に入れて注ぎ込んで飲む。飼育係時代、アジアゾウが一度に何リットルの水を鼻で吸い上げられるのか、バケツに水を入れて計測した。その結果、成獣のメスは約6リットル、成獣のオスは約8リットルだった。夏に喉が渇いた時期には少し多めになるかもしれないが、この結果からメスゾウは5〜7リットル、オスゾウは8〜10リットルぐらいの水を鼻で吸い上げると推定される。水を常置しておくと、冬季は1日に1回、夏季には1日に数回飲む。1回に10回前後鼻で吸い上げて飲むので、水を飲む回数が1日に1回ならばメスは約60リットル、オスは約90リットル飲むことになる。2回ならば倍だ。野生で毎日水が飲めない場合は、1回に飲む量はさらに多くなるだろう。

子ゾウは3か月齢頃から鼻を使って水を飲むようになる。母ゾウの乳を飲むときは乳首に口をつけて飲む。

動物園ではゾウがいつでもきれいな水を飲めるように大きな水槽を用意して水を満たしているが、近年環境エンリッチメント（動物福祉の立場から、飼育動物が幸福な暮らしを実現するための具体的な方法をこらすこと）が盛んになり、水飲みも工夫されている。イギリスの動物園では、水飲みの水槽がなく、口を近づけると水が出る、駅や遊園地にあるような給水装置を設置していた。ゾウはこの吸い口に鼻先をつけて少しずつ吸い込むのが面白いらしく、よく遊んでいるとのことだった。これまで動物園で私たちが考えた準備の仕方は、ゾウにとっては案外おおげさで無味乾燥に感じられていたのかもしれない。

また、ゾウは泳ぎが上手で川や海を泳ぐ。深い場所では鼻を水面に出して呼吸をしながら泳いでいる。

1984（昭和59）年、1994（平成6）年の2回、上野動物園で飼育しているアジアゾウのダヤー（メス、1977〔昭和52〕年生まれと推定）が鼻塞《はなひせ》（鼻づまり）になり、鼻は50センチも硬結伸長した。鼻先が地面についてしまい、ダヤーは自力で鼻を持ち上げることができなくなり、水を飲めなくなった。幸いにも獣医師の治療で全快したが、野生のゾウであったなら生きることはできなかっただろう。そのくらい鼻は、その存在感通り、重要で敏感な器官なのである。

③耳

長い鼻とともに、大きな耳もゾウの特徴だ。大きな耳は体温調節に役立つ。耳の裏側には太い静脈が走行していて、暑い日には怒張している。耳の血液温度を下げるために、裏

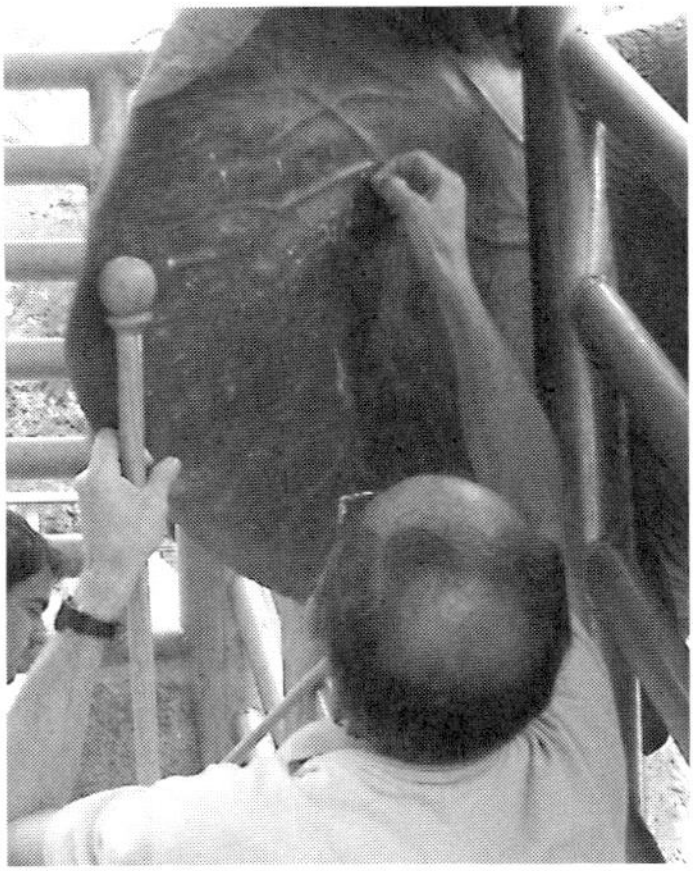

太い静脈のある耳の裏側

側に直接泥や水をかけることで血液温度を5度程度下げるという。そのため、より暑さの厳しい草原に生息するサバンナゾウの耳は、普段密林に棲《す》むマルミミゾウより一回り大きい。風上に尻を向けて耳を立て、風を当てて血液温度を下げる様子も見られる。

群れは移動中にときどき一斉に立ち止まり、耳を広げて周囲の状況を確かめる。水場では先客の他の動物を威嚇するときにも使う。

④歯と牙

ゾウの歯は、一生の間に乳歯（乳臼歯）が3本（上下左右で計12本）、永久歯（大臼歯）が3本（上下左右で計12本）、計6本（上下左右で計24本）の臼歯が順次、後ろから前方に押し出されて一生の間に5回交換される。最後に生えた永久歯は死ぬまで使う。生えかわる臼歯は、体の成長に伴い少しずつ大きくなる。最初の乳歯は、人間の大人の親指の爪程度の大きさだが、40歳頃に生え始める最後の臼歯（第3大臼歯）は、長さが20〜30センチ、重量は歯根部まで含めると1本で3〜4キロにもなる。よって上下左右合わせた歯の重量は12〜16キロになり、強力な顎の骨格と筋肉で支えている。

歯は奥からベルトコンベヤーのようにゆっくりと出てくるので、口の中には2本または3

本の歯が同時に見られる。脱落歯は、先に生えていた歯が一度にきれいに抜け落ちるとは限らず、咬合面《こうごうめん》の稜《りょう》の一つが欠け落ちるときもある。水平に移動して交換されることから水平交換といわれ、哺乳類の中では特に変わっている。飼育係時代、10センチくらいの脱落歯が室内に落ちていて、これが脱落歯かと妙に納得したことがある。

　臼歯は水平交換で生えかわるが、ゾウの牙は上顎の第2切歯（門歯）で、水平交換はしない。牙の乳歯はインドゾウの場合は出産前に吸収され消失し、生えた牙は永久歯で生涯

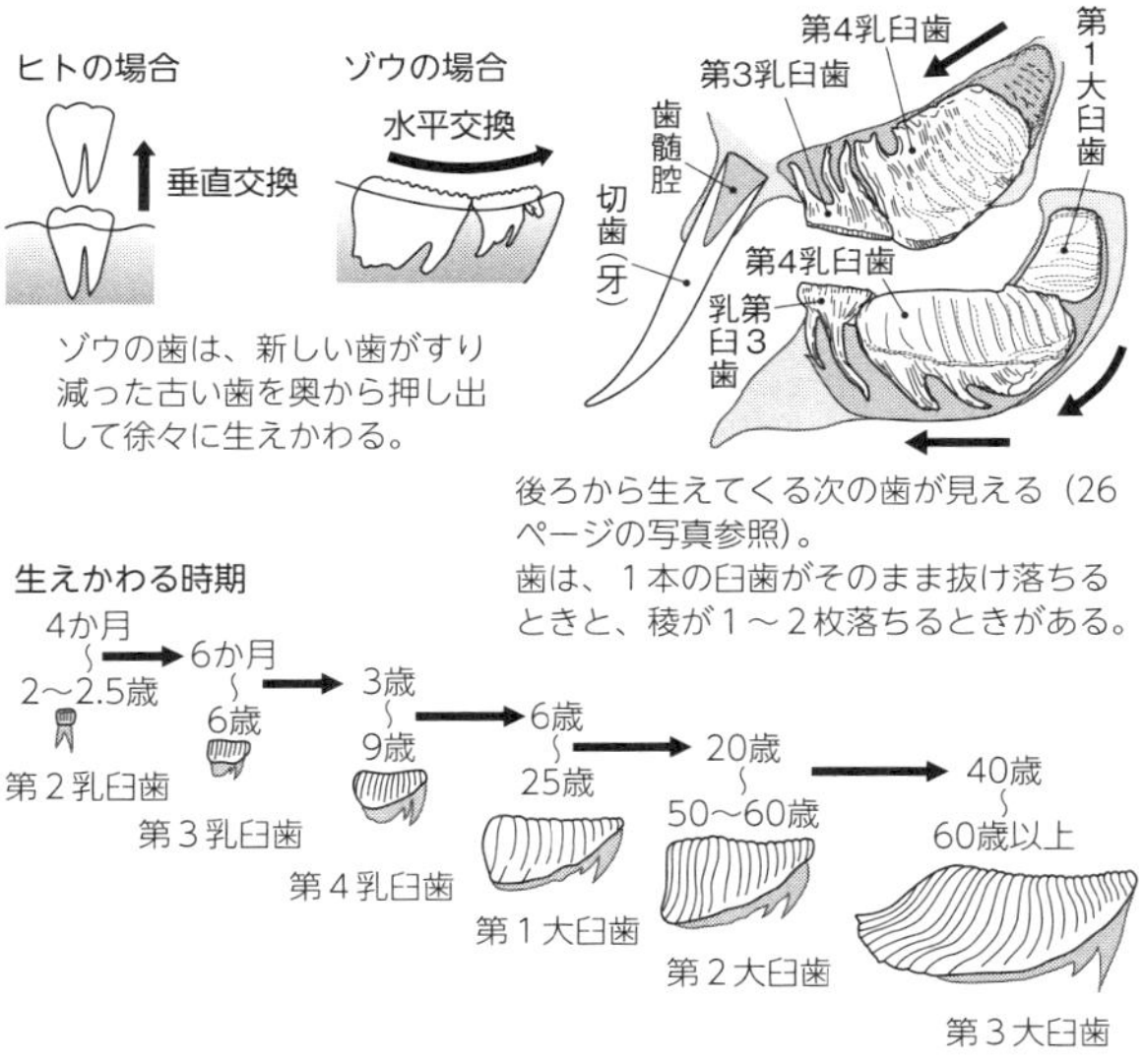

ヒトの歯とゾウの歯の比較

生えかわることはない。しかしアフリカゾウは生まれたときには約5センチの乳歯があり、生後6か月齢から13か月齢で乳歯から永久歯にかわるという報告もある。

歯の咬合面は種類ごとに違い、考古学者は歯からおよその年齢や上下左右のどの歯かを判定することができる。咀嚼《そしゃく》のしかたは餌を押しつけるように下顎を前後に長円形を描くように動かす。歯の交換時期には、後ろから押された歯は次第に歯根部が吸収され、薄くなって強い力で咬《か》んだときに欠け落ちる。

動物園で与えている餌の咀嚼回数を数えたところ、乾草ならばゆっくりと15～25回、リンゴなど果実の場合は10～15回であった。咬むことのできない硬い種子は、消化されず、排便されゾウの移動先にばらまかれる。

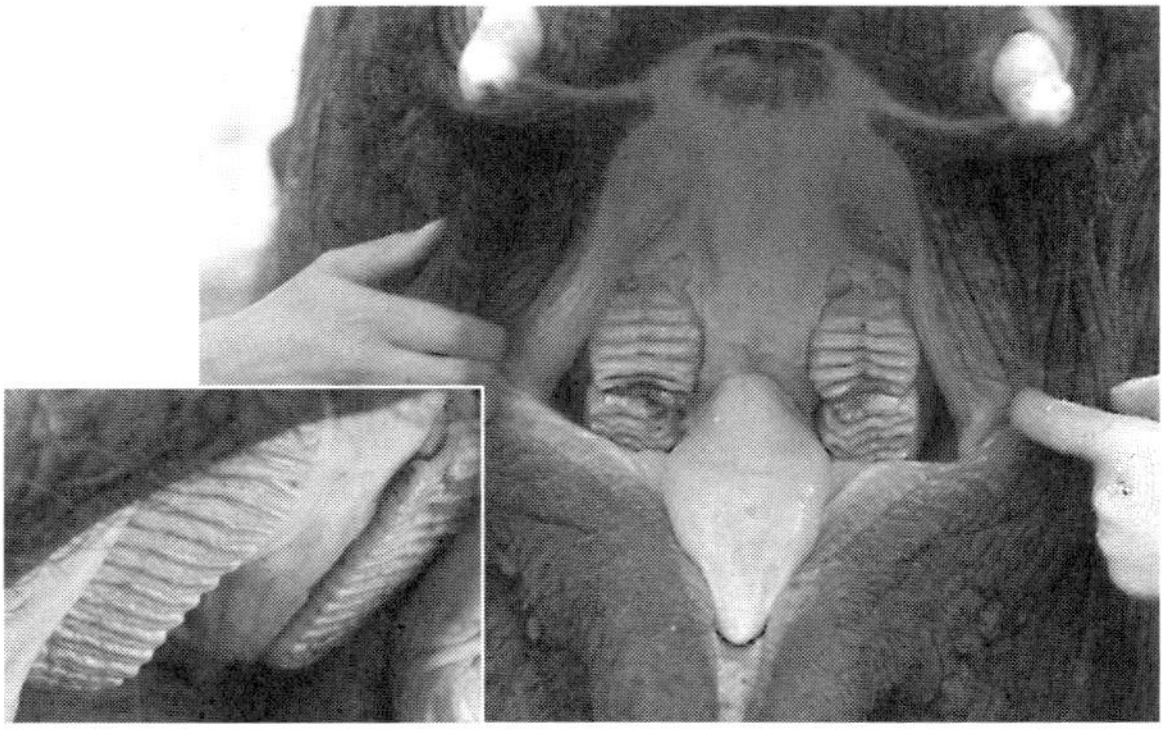

アジアゾウの臼歯

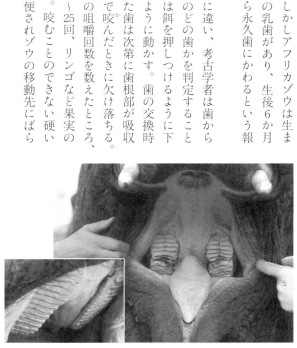

牙は先端が薄いエナメル質におおわれているが、次第にすり減りなくなる。アフリカゾウ2種は雌雄ともに長い牙があるが、アジアゾウの場合、メスの牙は通常10〜30センチの細い牙だ。たとえ短くてもゾウは牙があると有効に使う。樹皮をはがすときには、この牙で樹皮を刺して鼻でめくり取る。細い牙はゾウが体重をかけて使うには弱いため、強引に力をかけると根元から折れてしまうか、途中で折れて短くなる。この牙を巡って密猟などが行われ、前述したように急激な頭数の減少の危機にある。

1972（昭和47）年、上野動物園でオスゾウのメナムの牙が長く伸び、飼育係に向かって突きかかるため切断した。切断経験のある獣医師の指導のもとで全長の三分の一を鉄ノコギリで切ったのだが、歯髄の一部を切断したらしく、

メナムの牙切り（公財）東京動物園協会提供

一筋の血が空中に弧を描いて噴出した。歯髄を切断したので、痛みがあり暴れるのではないかと一瞬びっくりしたが、案に相違しておとなしかった。このことから歯髄の先端までは神経が通っていないことがわかった。

⑤四肢

体が巨大なため体重を支える四肢は、ほかの動物に比べて著しく頑丈なつくりになっている。外見上、人間と同様の足裏全体を地面につけている蹠行性《しょこうせい》動物に見えるが、骨格で見ると、指先を地面につけるイヌやネコと同様の趾《し》（指）行性《こうせい》動物である。

ゾウの踵《かかと》には約10センチの厚い脂肪層がある。歩行の際、重量がかかるとその脂肪層は押しつぶされて足が膨らむ。まるで直径30～40センチある鏡餅の

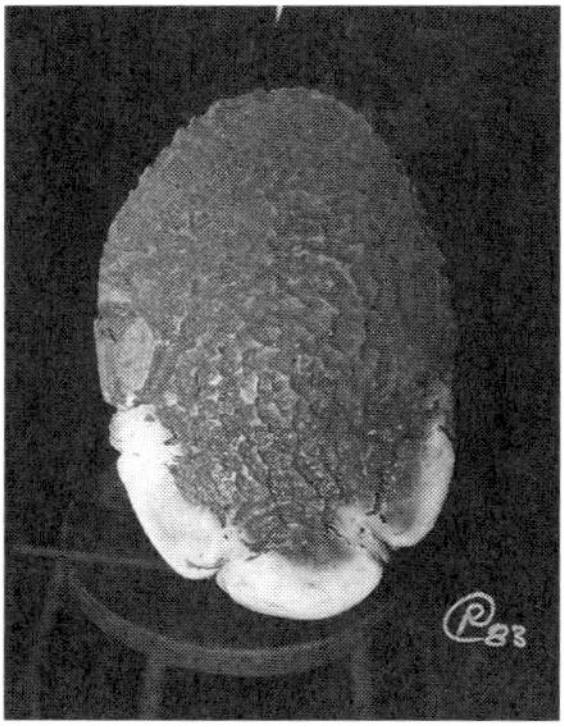

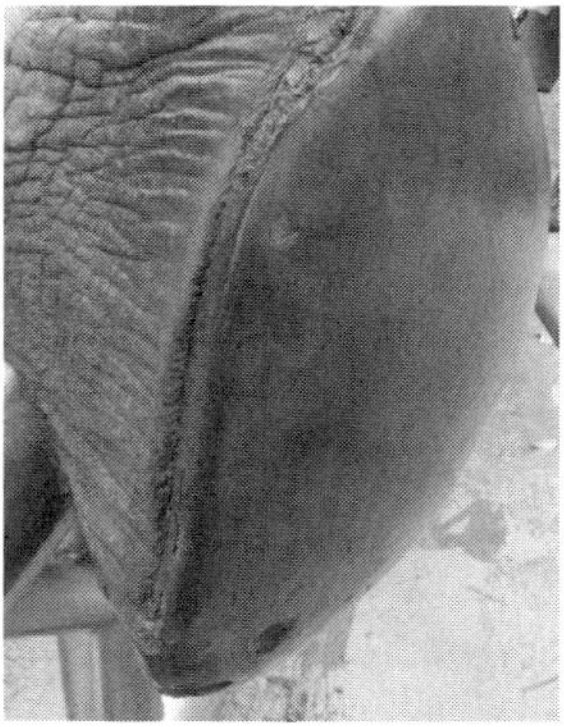

アジアゾウの足の裏

下段のようだ。踵だけでなく、各指の間や足の裏側にある脂肪層が圧迫されて、着地部分は全体的にクッションの働きをし、足への衝撃を吸収している。足を持ち上げると、足裏の中央部がたるんで丸く垂れるのがわかる（28ページ写真右）。着地すると地面にうまくフィットするので、巨体にもかかわらず足音がしない。足の裏の形は、前足は丸く、後ろ足は楕円形である。山地に生息するゾウの足の裏には亀裂があって滑り止めの役割を果たしている。水辺で粘土質の泥浴びを頻繁にするゾウの場合、亀裂が摩耗してつるつるしている。

⑥生殖器

動物の生殖器の多くは肛門《こうもん》近くに並んでいるが、ゾウの生殖器は特殊である。ゾウの肛門は尾の付け根にあるが、膣《ちつ》は肛門から離れた腹部に開口している。しかし子宮は肛門から水平に入った部位にあるので、腹部から子宮の入口付近まで膣前庭《ちつぜんてい》（産道）が約1メートルもある。

交尾はほかの動物と同様にマウントして行うため、オスの長い陰茎（ペニス）は膣前庭を突き上げ肛門近くまで押し上げて射精する。この巨大な陰茎は排尿と交尾以外は腹腔内《ふくくうない》に収まっているので、動物園の来園者も見るチャンスが限られる。ただし、マスト（またはムス

オス

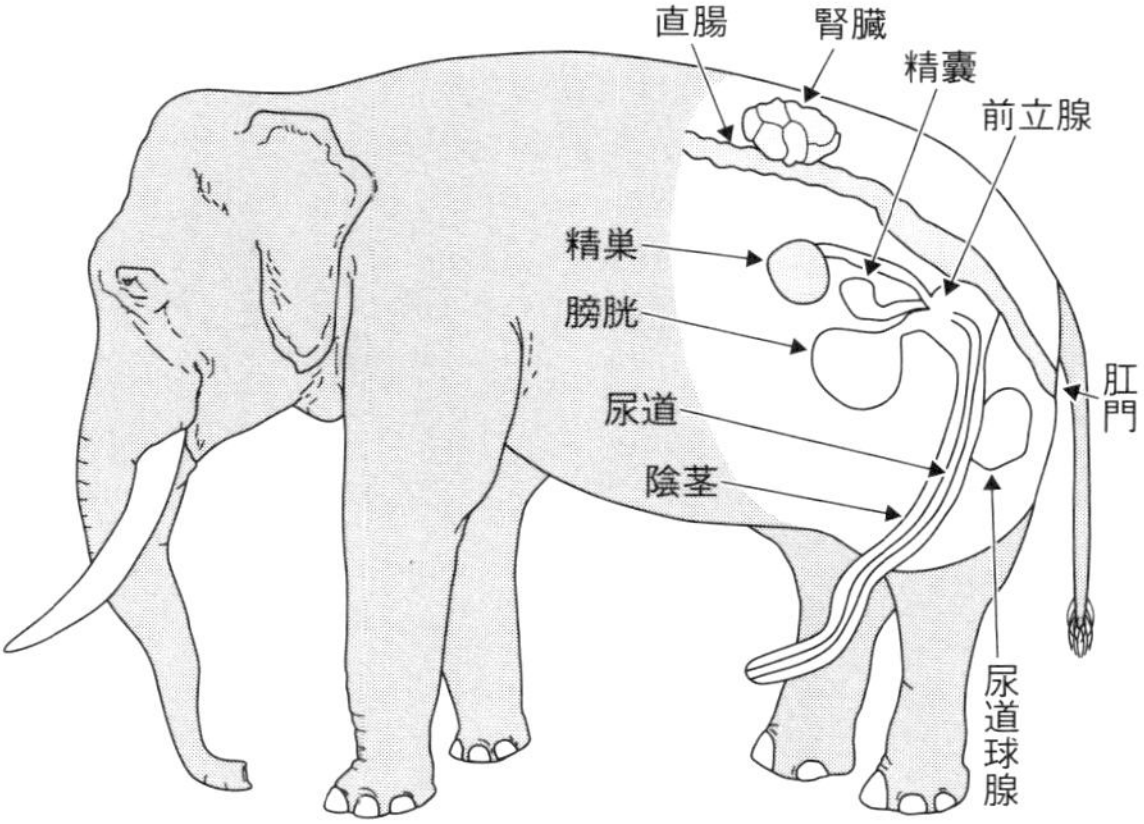

メス

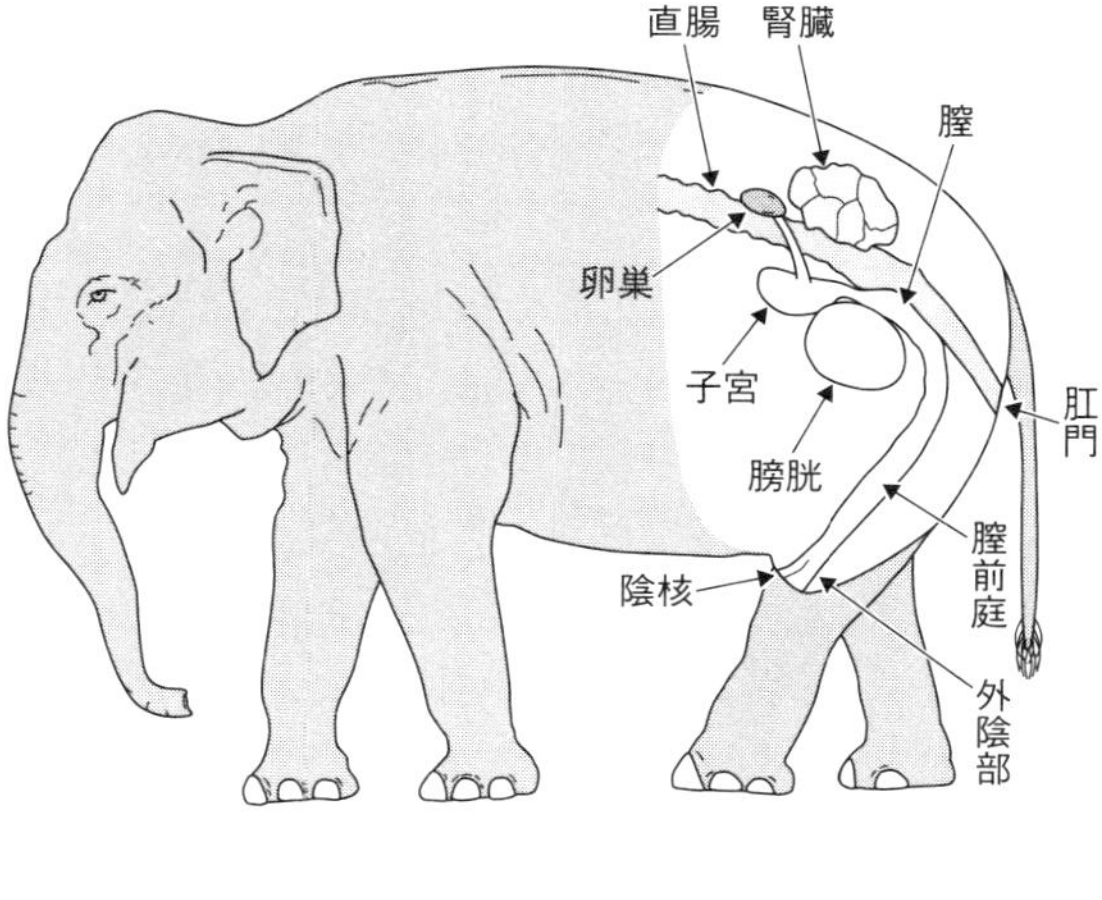

ト、凶暴期。35ページ参照）になると一時期、尿をチョロチョロと垂れ流し頻尿になる時期があり、陰茎の一部が露出している。もっともこんな巨大な陰茎が露出していたら外敵に狙われるかもしれないので、腹腔内に収まっている方が自然である。
オスゾウの解剖を手伝ったときに、大人の握りこぶし大の精巣が腰部の背側に二つあったのを見たときはびっくりしたが、こんな位置にあるのもゾウの特徴の一つである。

乳頭は左右の前肢の間に1対ある。

⑦その他

消化器はウマに類似して単胃で、発酵は大腸で行うため消化吸収率は約44％とよくはない。胆嚢《たんのう》はない。胆嚢の役割は食事と食事の間に胆汁を貯蔵しておき、食べ物が入ってきたら胆汁を放出することなので、常に食べ物が消化管を通過している動物には必要がない。

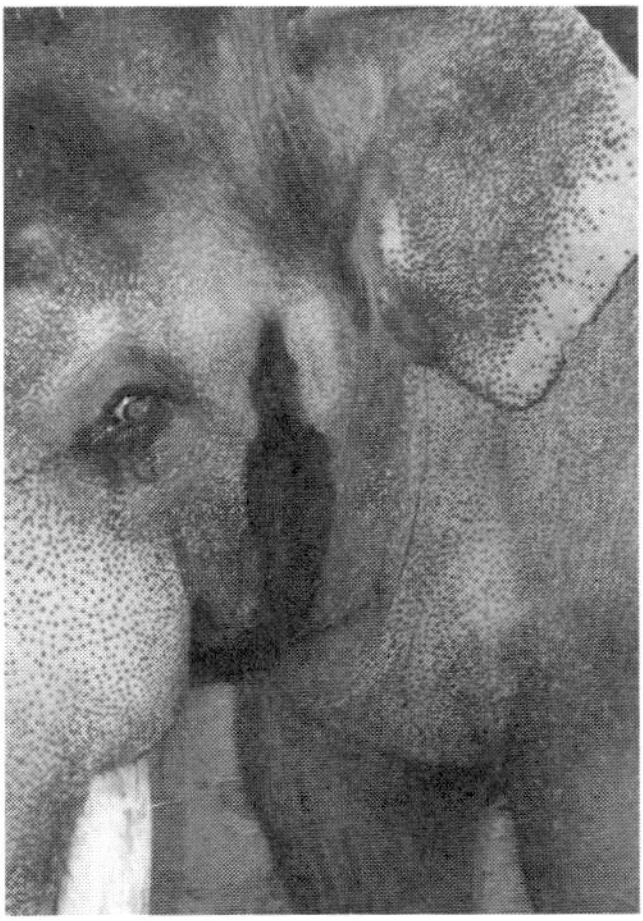
側頭腺と側頭腺からしみ出ている粘液

目と耳のちょうど中間点に、長さ1センチ位の線状の開口部がある。この部分を側頭腺といい、ふだんは閉じているが、マストのときや興奮して走るとここから粘液がしみ出てくる（前ページ写真参照）。独特な臭いの粘液は、嗅覚が発達しているゾウたちにとっては重要な役割を果たしているのだろう。

ゾウの不思議な行動

①コミュニケーション

ゾウ同士は体や五感を使い、相手に危険や進行方向、発情などの情報を発信している。

〈体を使う〉

ゾウ同士は最初に出会うと、鼻を相手の口の中に入れて匂いをかいだり、同じく鼻で目や耳をなでまわしたり、頭部や体の各部をさわって匂いをかぎ合う。耳をパタパタして相手の体に触れる、頭部や体をくっつけ合う、脚で蹴る、尾でさわるなどの行動も見られる。耳をパタパタとゆっくりはためかすのは落ち着いている状態で、伏せたり立てたりしているのは警戒しているときだ。

〈音声や低周波音を使う〉

ゾウはさまざまな音を出している。

長い鼻から勢いよく息を吹き出すとラッパのような大きな音になり、その音は数キロ先まで届き、威嚇や仲間への信号となる。喉から出すキイキイ音、低い唸《うな》り声、鼻を地面にたたきつけて出す威嚇音、人間には聞こえにくいゴロゴロ音など多様だ。100頭いれば100頭それぞれ音が違う。

ゾウが人間では聞くことのできない低周波音で交信していることは、この約30年の間に解明された。きっかけは、コーネル大学の研究員キャサリン・ペイン（Katharine Payne）が、1984年にアメリカのオレゴン州ポートランドにあるオレゴン動物園でゾウを観察中、鼻の付け根の部位がときどき膨らむとほかのゾウが何らかの行動を起こすことから低周波音の可能性を考えたことだ。

ゾウが低周波音を使っていることは先だって他の研究者が触れているので、ペイン氏にはそのことが、予備知識としてあったのだろう。そこで彼女は、アフリカで低周波音の交信を実証するための実験場をつくり、ほかの研究者と共に調査したところ、ゾウはヒトが聞きとりにくい14Hz《ヘルツ》から34Hzの低周波音で、数キロ先の群れと交信していることがわかった。低周波音は遠くまで届くのが特徴である。

さらに、2004年にスマトラ沖で大地震があり津波が発生したときのことである。観光客を乗せていたゾウは、いち早く高台に避難して被害にあわなかった。彼らは地面を伝わる振動を足裏から骨伝導によって察知し避難したと考えられている。

②視覚と嗅覚

視野は広い。夜はよく見え、色の識別もいくらかできる。ところが、大きな鼻と巨体ゆえに真後ろと真正面が死角になる。真後ろの死角は尾を振り回し触れることでわかるが、しっかり確認したいときは体を回し正面に相手をとらえる。巨体に似合わずその動きは本当に素早い。鼻が邪魔するので、真正面に死角ができる。不用意に近づいてきた相手がいると鼻でそっとどけたり、顔の向きを少し変えたりして見る。

口の中にはヤコブソン器官（鋤鼻器）があり、フェロモンを感知している（19ページ参照）。オスゾウは排泄物《はいせつぶつ》からも発情や周囲の情報を得ている。鼻先でメスゾウの陰部や尿に触れ、発情中のメスにだけ含まれる誘発物質に反応して、フレーメン（匂いに対する反射行為）を呈する。

ヤコブソン器官は、ゾウ以外にもネコやラクダなど多くの哺乳類にある。人間の場合、幼児期にはあるが、成長につれて消失する。このほか、動物たちはさまざまな分泌腺から匂いを出し、性別や年齢、ホルモン、一般的な情報を得ている。イヌは散歩中、他のイヌの排泄物から情報を得ている。ちなみに人間も香水の原料として、ジャコウジカやジャコウネコの分泌腺から採取した分泌物を使っていた。嗅覚は多くの動物でコミュニケーションをとる重要な感覚である。

③マスト

オスが非常に凶暴になる時期をマスト（ムスト）とよぶ。ふつう年に1回、数週間から3か月間におよび、降水量の多い時期になるとの報告がある。

マストになったオスは性ホルモンのテストステロンの値が上昇し、側頭腺から分泌液が流れ出し予期せぬ攻撃をしてきたり、特有の声を出したり、頻尿となり食欲が減少する。12歳以上になると、オスは母親から別れるときにマストのような状態が見られるが、アメリカの著名なサーカス団のゾウの名調教師は、経験上から本当のマストは成獣になった20〜25歳からだと教えてくれた。

④妊娠・出産・育児

飼育下の出産例は10歳未満や、62歳という高齢の出産例も報告されているが、野生の初産は15歳くらいからであろう。メスの性成熟は12〜15歳。発情周期は15〜17週で、発情は雨期の後半と乾期の初めに多くなる。乾期には栄養状態が悪くなるとメスの排卵が止まり、回復するのに1〜2か月が必要となる。妊娠期間はおよそ22か月で、通常一産一子、生まれたばかりの子の体重はおよそ100キロ（60〜170キロ）である。

出産間隔は妊娠期間と哺乳期間が長いので、通常は5年に1回程度だが、飼育下で栄養が十分とれれば4年のときもあり、栄養状態が悪いときは出産間隔が延びる。

子どもは4か月齢まではほぼ母乳だけを飲み、4〜5か月齢で母親の食べ物をとって口に入れる。6か月齢を過ぎるころ、主食となる青草を消化するのに必要な微生物を取り込むために、母親の糞《ふん》を食べる。8か月齢以降はバナナや柔らかい食べ物を採食し、10〜12か月齢で固めのものを採食するようになる。1歳くらいまでは母乳が主体だが、その後は母乳から植物質の餌に変わっていく。野生では生後3〜4歳齢まで乳も飲むとされている。

飼育下での人工授精についても触れてみると、アジアゾウの人工授精は1970年頃から試みが始まった。実際に成功したのは、それから約30年後の1999年11月26日のこと。北米ミズーリ州スプリングフィールド市にあるディカーソンパーク動物園で初めて成功した。それほどゾウの人工授精は困難を極めた研究といえるだろう。ちなみに、このときの新生子は体重が171キロで、それまでの新生子の中で一番重かった。サバンナゾウでは、翌2000年に北米のインディアナ州のインディアナ動物園でサバンナゾウの人工授精に初めて成功した。以降、北米、欧州、イスラエル、オーストリア、タイなどで続々と成功例が報告されている。

2013年には世界で初めて凍結した精子を使ったサバンナゾウの人工授精が、オーストリアのシェーンブルン宮殿内にあるシェーンブルン動物園で成功し、アジアゾウでも近い将来の成功が期待されている。

日本国内ではまだ人工授精に成功していない。今後人工授精を希望する動物園は、メスゾウの発情期を特定し、オスからの採精やメスに人工授精をするための訓練など、ゾウならではの難問をクリアしておく必要がある。

⑤採食・排泄

採食した餌については、大腸内の腸内細菌の発酵作用によりセルロース（食物繊維の一種で地球上で最も多く存在する炭水化物）を分解するので、ゾウは後腸発酵動物ともいわれる。食べ物の腸内通過時間は14時間から72時間で、果物など柔らかいものは早く排泄されるが、大半は17時間から25時間で排泄される。人間とだいたい同じだ。ウマなどの奇蹄類《きているい》と同じように、栄養価は低いが手に入りやすい植物を多量に採食している。

自然下においては、餌の豊富な雨期と少ない乾期では採食量が増減し、体重もそれなりに変化する。母ゾウが餌を十分食べられなければ、子どもは乳を十分飲めない。そんな子どもや体力のない個体は、自然淘汰《とうた》されることもあるだろう。

ゾウは3種ある

それでは冒頭で紹介した現存する3種のゾウについてここではもう少し丁寧に見ていきたいと思う。

①マルミミゾウ

マルミミゾウは長い間サバンナゾウの一亜種として分類する学者が多かった。しかし近年、複数の地域に生息する個体からＤＮＡを試料採取して調査した結果、別種扱いが妥当だとする学者が増加しているので、本書でも別種扱いと位置づけて考えることとする。

赤道付近に位置する中央アフリカの、主に熱帯雨林に生息する。草原と隣接している森林地域では草原にも出てくる。しかし、1970年代に入り性能の優れた銃が簡単に手に入るようになると、密猟者が草原で生活する大きな牙のあるゾウを狙うようになった。そのためかオスゾウは人間の脅威から身を守るために、見つかりにくい森林内に留まるようになり、草原に出てくるのはメスと未成獣の子どもが多い。

ゾウは年長のメスが家長となり群れを率いて生活している。群れの構成は、母親と子どもたち1、2頭の計3、4頭が基本単位集団で、餌が豊富なときは、血縁関係にあるこの基本単位集団がいくつか集まって行動する。このほかに、乾期に水場やミネラル分を多く含む場所には100頭くらいが集まる。

オスは10歳くらいになると、群れから少しずつ離れる。12～14歳で母親から離れ単独生活に入るが、肉体的に成長するまでしばらくは、母親の近くで過ごし、マルミミゾウはオス同士の群れはつくらないと報告されている。

活動時間は1日に約20時間で、睡眠は日中にも見られるが、主に夜中に寝る。果実の実る木を求めて移動し、ときにはサバンナゾウと同じ場所で採食することもあるが、時期と時間は違う。

行動圏は約500平方キロで、1日の移動距離は2〜3キロ。だが、行動圏の広さを調査するためにGPS（全地球測位システム）で調査した結果、生息場所の環境により大きく異なることがわかった。コンゴ北部にいた母子の行動圏は約2300平方キロあったが、ガボンのロアンゴ国立公園における母子の行動圏は52平方キロであった。

この調査結果は、今後マルミミゾウの保護地域を検証するうえで、貴重な資料になると考えられている。

〔体の特徴〕

体重の最高記録は1906年にコンゴのアビで射殺された個体で、肩高が285センチ、体重は推定6000キロで、これはギネス世界記録にも認定されている大きさだ。近年のマルミミゾウの紹介にはこの数値が使われているが、通常はサバンナゾウと比べ一回り小型で2000〜4500キロ程度と私は考えている。ただ、サバンナゾウと生息域が重なる草原地方では交雑し大きくなる個体もいると推測される。

体形は後軀が大きくて、背の稜線《りょうせん》でふつう肩部より腰部が高い。前肢は後肢に比べ長く、柱のように頑丈である。蹄《ひづめ》の数はアジアゾウと同様に前足に5本、後ろ足には4本または5

本ある。耳は森林生活に適応してサバンナゾウより上下に短く前後に長く下葉《かよう》（下の垂れ下がった部分）は丸い。その形がマルミミゾウの名の由来となっている。牙は雌雄ともにあり、サバンナゾウより細く地面に向けて伸びている。

〔餌〕

果実、樹皮、小枝、根、蔓《つる》、草本など植物のすべての部位を採食する。餌の種類はおよそ300種以上との報告があり、サバンナゾウやアジアゾウに比べて著しく多い。森林には果実の実る樹木も多く、熟す時期を家長のメスは知っていて、群れを誘導している。マルミミゾウは移動しながら果実や草を採食する。果実が好物だが、ほかにも単子葉植物で高温多湿を好むクズウコン科の植物も好む。

〔繁殖〕

発情期のメスは交尾相手としてマストになった30〜40歳のオスを選ぶことが多いという研究者の報告がある。

コンゴと南スーダンとの国境近くに広がるガランバ国立公園ではサバンナゾウとマルミミゾウのハイブリッドが生まれている。

②サバンナゾウ

サバンナゾウはサハラ以南、主にアフリカ54か国中、南部と東部の37か国に生息している。生息場所は主に疎林や低木林、森林を含む草原で、3000メートル級の高山や半砂漠でも、餌となる植物があれば生息している。ゾウの群れは大量の餌が必要なために、広い行動圏をゆっくりと移動しながら採食する。移動と行動圏には相関関係があり、一度採食した地域の草や木が再生する期間が必要となるため、乾期と雨期の季節の変わり目が一つの区切りとなる。餌が少ない地域では1年かけて行動圏を巡回し、反対に餌が豊富にある川のほとりや水辺の場合は、半年あるいは3か月の短い周期で移動する。

生活は雨期と乾期、またサバンナでも半砂漠か低木林や森林が近くにあるかなどの地理的条件や、人間が生息域近くに移住しているかなどにより変化する。中央アフリカではマルミゾウと分布域が重複している。

行動圏は生息地により差が大きいが、平均750平方キロである。砂漠が含まれるアフリカ西部のマリ地方では、3万平方キロ以上と広大になる。一方、アフリカ東部のタンザニア北部、マニャーラ湖国立公園は、地下水があり、森林と豊かな草原が存在するため、約50平方キロ、ツァボ・イースト国立公園では約100平方キロが行動圏であった。行動圏が狭い理由は、生息域の分断や人間の進出、密猟などで狭い地域での生活を余儀なくされているためだ。

一日の移動距離は平均してメスよりオスの方が長く、5～13キロだが、マストのオスは10～17キロと少し広範囲になる。干ばつのとき、水場を探してケニアの半不毛地域を15キロほど歩くのは珍しくないが、アフリカ南部のジンバブエでは、約25キロ以上歩いて水場を探すこともある。

活動時間帯は早朝と夕方、および夜中で、睡眠は朝3時頃に2、3時間、暑い日中に1、2時間昼寝をする。餌を探して17時間以上歩くこともある。人間と生活域が同じ場合、日中は人を避けて日陰で休む。

〔体の特徴〕

サバンナゾウは現在陸上で最大の動物である。アメリカのスミソニアン博物館に、1955年狩猟で捕えられた巨大な剝製が展示されている。この剝製は、横臥《おうが》した状態では体長1010センチ、肩高が401センチ（立ちあがったときは重力により5％減少とすれば、肩高は381センチと推測）、体重10・886トンと推定される。私もスミソニアン博物館で実物を見たが、その巨体に圧倒された記憶がある。ちなみに多摩動物公園で飼育していたオスゾウは28歳のときに7・2トンあった。

体重で雌雄を比較するとメスはオスの半分程度しかない。

四肢はがっしりとしていて、陸上の哺乳類の中で最も太く、蹄の数は前足が4本または5本、後ろ足が3本または4本、まれに5本ある。ウマやウシなどの進化の過程を見ると、進化した種類の方が蹄の数が少ない。ゾウについてもサバンナゾウとマルミミゾウではDNAが違うことに加え、サバンナゾウは草原に進出したので蹄の数が少なくなったと考えられる。

耳はアジアゾウに比べると大きく、耳の下葉は細く尖《とが》っている。耳の形状は生息地によって特徴があり、アフリカ中央部に位置するスーダンやチャドに生息する個体は、三角形で下葉が細長く下方に伸びて、長さが190センチに達する。しかし、大方の場合、扇状で広げると片方の横幅がおよそ150センチあり、両耳と顔の幅を合わせるとオスゾウでは400〜450センチの横幅になる。この巨大な耳を真横に立てあおぎながら、咆哮《ほうこう》やラッパ音を出して威嚇する。耳まで威嚇するときの道具としている。

サバンナゾウは雌雄ともに太く長い牙がある。アフリカのサバンナには子ゾウを狙うライオンやブチハイエナ（大型の種でふつう群れで生活し、大きなオスの体重は約80キロ）の群れが生息していて脅威となり、彼らに対抗するための武器として牙が大きな役割を果たしている。

最大の牙は長さ350センチ、重量130キロの記録がある。

　皮膚はマルミミゾウやアジアゾウに比べると明るく灰色がかっている。体全体に深い皺があり、水浴後に泥浴びをして腹部や背中まで余すことなく泥を塗る。そのため赤土の多い土地のゾウは体が赤く染まっている。高低差のある木や岩に腹部から背中、頭頂までくまなく擦りつける。深い皺の間に濡《ぬ》れた泥が詰まることで、強力なツェツェバエ（体長が5～10ミリの吸血性のハエで人畜共通の伝染病を媒介する）に刺されるのを防ぐとともに、乾くときの気化熱で体温を下げ、熱い陽射しから身を守っている。

〔餌〕

　草、小枝、茎、根、蔓、果実、種など植物のあらゆる部分を巧みに採り、年間約150種類もの植物を採食する。ただし生息地により主食となる植物は違い、草原では70％が草、木の密生した森林では木の芽や小枝が主食となる。

　東アフリカのウガンダにあるマーチソン・フォールズ国立公園近くで射殺された47頭の胃の内容物を調査した結果は、91％が草、8％が木と灌木《かんぼく》、1％がその他の植物だった。採食した草のうち青草は10分の1で、残りは枯草だった。林と草原が混じるサバンナでは雨期と乾期で採食の種類が変わり、雨期には草が60％で、乾期になると草が5％に減少し、木の枝や枯れた草の根を掘り起こして食べている。野生での報告では、1日に14～18時間採食するとの報告が多いが、この時間数は豊富にある草や木の枝を14時間以上連続して採食しているわけではない。

乾期で草が不足すると一口に頬張る量は半分となり、1日の採食量は雨期の200～300キロから半量の100～150キロに下がる。

〔繁殖〕

野生下の発情期におけるメスゾウは、マストになった35～40歳のオスを交尾相手として選ぶとの報告もある。メスの性成熟は12～15歳だが、飼育下では8歳から12歳までの出産例がある。

雌雄ともに体の成長は35～40歳まで、あるいは成長速度は低下するものの死ぬまで続くともいわれる。

子どものゾウの年間死亡率は10％、5～40歳の死亡率は20％と推定されているが、干ばつや間引き、密猟で大量に死亡したなど、年によって大きく変わる。現在はタンザニアやケニアの自然公園の一部が自然の状態で保全されているが、内戦が起きたり象牙の商取引を解禁すれば死亡率はたちまち増加するだろう。

③アジアゾウ

アジアゾウは①スリランカゾウ（＝セイロンゾウ基亜種または原亜種）②スマトラゾウ③インドゾウ（①②以外のすべてを含む）の三亜種に分類される。かつてマレー半島のゾウは別亜種に分類していたが大陸続きなのでインドゾウに分類されている。ボルネオ島のゾウも分類上はインドゾウである。

生息場所は草原や、熱帯・亜熱帯の常緑樹や半常緑樹のあるところ、湿潤な落葉樹林や乾燥した落葉樹林などで、通常人間が利用している地域以外の山地林や藪地《やぶち》だったが、近年は農耕地の付近にも出没している。

インドでは雨期の初めはイネ科の草が繁茂する落葉樹林に、雨期の後半には開けた棘《とげ》植物のある森林、そして乾期には川辺林、湿地、常緑林に移動する。ミャンマーでは標高約3000メートルの竹林に、ヒマラヤ東部・インド東部の一部では夏に標高約3000メートルまで移動する。南インドでの行動圏は100〜500平方キロといわれている。

私が実際に見た生息域をいくつか紹介しよう。

西ベンガル地区の森林局長に案内してもらったインド北東部アッサム州の野生保護区は、

深い森林があり、下草の草本類は少ないようだったが、局長の説明では水場付近にはイネ科植物が繁茂している地域があるとのこと。公園の見晴らし台に立ち、生い茂った緑のジャングルの彼方を指さし、「あの向こうまで広大な自然保護区になっていて、野生動物たちが暮らしている」と説明された。さらに自然公園の一角には、10種類くらいのカヤの苗圃《びょうほ》があり、生長したカヤを川辺の柵で囲んだ区画に移植し、繁茂したら野生動物用に開放し、また新しい餌場をつくっていくとのことだった。

ミャンマーでは、写真随筆家の大西信吾《しんご》氏に案内してもらった。私が体力不足で歩けないとわかると、山の麓からゾウが飼育されている山中に乗っていくためのゾウを用意してくれた。山中には竹を編んでつくった山小屋が準備されていた。伐採した巨木をマフー（現地のゾウ使いはこのように呼ばれている）がゾウを使って引き出す様子を見ることは、私の長年の夢であった。マフーとゾウが一体となって材木を引き上げる作業を、熱い息づかいまでわかる場所で見ることができて感激した。訪れた山地は竹林の中にまばらにチーク材の大木が生えていて、午後、仕事を終えたゾウは林に長い鎖をつけたまま放飼され、自由に竹を採食していた。マフーは竹でつくった現場の小屋に家族で生活し、その現場が終わればまた移動するそうだ。

ボルネオ島では、ボルネオゾウの専門家に1日案内してもらった。彼はサバ州キナバタンガン川流域で、ゾウの後を追って半年にわたり移動ルートを調査していた。ボルネオには体高が2メートル前後の小型のゾウの群れがいると話していた。キナバタンガン川に沿って自生しているヨシを採食するおよそ30頭の群れを、ボートから見ることができた。森林の奥ではこのような大群を見ることはできないが、川沿いという点で広範囲を見渡せるのが絶好の場所のようだ。私のように動物園に勤務していると、野生の研究結果は貴重でまさに教科書である。

見学した中には、ゾウの生息地の持ち主が森林をパームヤシ畑に転換した結果、辛うじて残る川沿いの狭い土地にしか生息できなくなっている場所もあった。ちなみに、日本はそのパームヤシを輸入して食用油や洗剤の原料として使い、間接的に原生林の減少に手を貸している。

タイではカンチャナブリー県サイヨーク国立公園を訪れて、夜間にゾウを見ようと何回か出かけたが、群れに遭遇したのは、畑から道路を横切るところを見られたたった1回だけだった。頭数を数えてみたら25頭くらいの大きな群れで、私はゾウからわずか15メートルほどの距離にいた。すると、群れの中に1歳未満の子ゾウが母親と一緒にいるではないか。「しめた！」とばかりにシャッターを切ったところ、なんという不運、電池切れで動かない。まさに千載一遇の機会を逸してしまった。現地の人たちにいい写真が撮れただろうと聞かれたが、「ノー」と答えるしかなかった。

生息域が変化してきた背景には、ゾウが過剰に増えすぎたり、人間が本来の生息域に侵入してきたりしたことが原因で、条件の悪い半砂漠や高山、湿地帯、竹林などに生息範囲を広げていったと推測される。

〔体の特徴〕

アジアゾウの中でもスリランカ東部の低湿地帯に生息するゾウは巨体が多く、肩高が320センチという記録もあり、腹部と四肢の基部にはピンクの斑点が多く見られる。

オスゾウの牙について、かつてスリランカゾウ452頭を調査したところ95％に牙がない。牙があるものでいうと、東部の低湿地に生息している個体は片方の牙が長いと報告されている。最長の牙はタイのバンコクにあるロイヤル・エレファント・ナショナル・ミュージアム（王室ゾウ国立博物館）が所蔵している301センチと274センチの牙である。最も重い牙は、1対が146キロ（長さは267センチと260センチ）で、現在は大英博物館（イギリス）にある。

蹄は前足に5本、後ろ足にほとんどの場合4本、まれに5本ある。

アジアゾウの耳はサバンナゾウの半分程度だが、それでも70〜80センチある。

水浴びのあと続けて泥浴びをして、気化熱で体温を下げたり、アブやハエ、ダニ、シラミ、ノミなどの害虫から皮膚を守ったりしている。

〔餌〕

野生ゾウの採食時間は日中の暑い時間帯を避けて、朝夕や夜間が主である。餌となる食物はおもにイネ科、ヤシ科、マメ科、バラ科などの樹木、樹皮、果実、根、草、蔓などである。雨期には8〜10%のタンパク質を含むイネ科の草を採食するが、乾期にはタンパク質が3%以下になるため灌木や木の葉を採食する。イネ科の植物でマコモは好きな食べ物の一つだ。ミャンマーでは竹林にゾウを放していたので竹が主食だった。サトウキビ（イネ目イネ科サトウキビ属）は大好物である。

〔繁殖〕

飼育下では8歳から12歳の出産例も報告されている。

月別の出産例を見ると、402例の出産例のうち多い月は、2月で62例、次は1月で55例、そして3月に49例、反対に少ないのは夏で8月に8例、7月に14例、6月に22例で雨期に多く乾期に少ない傾向がある。出産間隔は妊娠期間と哺乳期間が長いので、通常は5年に一度だが、栄養状態が悪いときは間隔が延びる。また、動物園などで早く離乳させれば、この期間は短縮され、4年に一度の場合もある。

　ミャンマーでの最も高齢の出産例は55歳、最多出産頭数は10頭の報告があった。インドでは、11回出産し、そのうち1回は双子で、12頭目の出産は62歳という最多、並びに最高齢出産記録がある。

　1978年7月11日、イギリスのチェスター動物園で、アフリカゾウ17歳のオスとアジアゾウ21歳のメスの間で雑種が生まれたが、7月21日、わずか生後10日齢で腸の病気で死亡した記録がある。現在、動物園では野生動物の種間雑種は生命倫理の観点からもつくらない方向である。

〈コラム①〉 動物園で働くなら（日本編）

動物園が行う採用試験は、原則として定年退職した欠員を補充するために行うものであり、募集する人数もそのときによって違う。全く募集しない年もある。園館の組織改正や新規に開園するところがあれば、通常より多く募集することもあるので、そういうときはねらい目だろう。日頃から入りたい園館を決めて情報収集をすることが大切である。

海外であろうと日本であろうと、飼育係の仕事は力仕事の多い職種ではあるが、最近は女性の飼育係も増えている。

日本の動物園は大別すると地方公共団体が運営する「公立動物園」、民間が運営する「私立動物園」、その中間である「第三セクターの動物園」に分けることができる。第三セクターとは、地方公共団体（第一セクター）と民間企業（第二セクター）が共同出資して設立した法人を指す。その動物園は半官半民体制で、岩手県、埼玉県、東京都、神奈川県、石川県、長野県、静岡県、愛知県、愛媛県、高知県、広島県、山口県、福岡県、宮崎県、沖縄県など全国にある（2017年現在）。

東京都の動物園・水族館（上野・多摩・葛西、井の頭）は、2006（平成18）年より公益財団法人東京動物園協会が指定管理者となり第三セクターとして運営している。職員は以前から勤務している東京都職員（地方公務員）と第三セクター職員が勤務する半官半民で、協会の職員の待遇は都の職員とほぼ同じである。また現在、新規に採用される職員はすべて協会の職員として採用される。

ちなみに公立動物園で働くにはまず、地方公共団体が年1回行う公務員試験に合格し、地方公務員にならなければならない。私立動物園は組織がさまざまなので受験に当たっては、個別に受験要綱を入手しなければならない。資格は不要で、筆記試験もなく面接だけの場合もある。

また、飼育係を目指すための専門学校もある。

動物関連の仕事に就きたい学生は、動物園に飼育実習に行ったり、動物病院で実習をする人もいる。なかには、実習中の仕事ぶりが優れていて、動物園の方が採用したいと思うような人材もいる。こう思われたら、筆記試験をパスすれば面接で後押ししてくれるかもしれない。特に技能労務系（現業職）は作業がきちんとできることが求められるので、採用側は実習態度で査定しているかもしれない。こういう実体も海外と同じようだ。

第二章　人間とゾウの歴史

タイやインドなど、ゾウの原産国は、古くからゾウと関わりを持ってきた。この章では、そういった国々あるいは日本でも見られる人とゾウの関係の歴史を紹介する。

アジアのゾウ

ゾウはいつからなんのために飼育されてきたのか

インドの紋章に人がゾウに乗っている絵が描かれていたことから、最初の飼育は、4000年前頃始まっていたと考えられている。

先史時代、マンモスやナウマンゾウが狩猟の対象だったように、人間は長い間、ゾウの仲間を食料にしたり、象牙を採るために捕まえたりしていたが、この頃ゾウを飼育することに成功したと推測される。ゾウにまたがり自在に操れるようになると、人間はゾウを信仰の対象にしたり、宗教的な行事に利用したりした。

紀元前5~6世紀頃のインドの王族たちは、競って成獣の巨大なゾウを所有したし、巨大な牙を持つオスゾウを目当てに国内のみならず、南スリランカからも多くを輸入していた。今でもインドやスリランカでは宗教的な行事の先導役は大きな長い牙を持つ成獣のゾウが務める風習が残っている。

私が初めてタイやミャンマーの博物館を訪れて驚いたのは、展示のテーマが一様に皇室と白象《はくぞう》、そして戦争がメインであったことだ。

白象は希少な存在で、アジア諸国では大層珍重され、白象が発見されると皇帝に献上されるのが慣習となっていた。白象は特別な飼育施設と待遇を受けて、大切に飼育されている。私がミャンマーで実際に見た白象は、眼の虹彩《こうさい》がピンク色でとても美しい白象だった。

ゾウはさまざまな儀式の行列でお祓《はら》いをするような役割を務めるほか、銃や火薬が使われていなかった時代の戦争では、槍《やり》や刀で武装した戦士がゾウの背にまたがり、その周りを歩兵が固める戦車部隊の中心的役割も果たしていた。オスゾウの背に4、5人の兵士が武器を携えて乗り、戦った。第二次世界大戦のときの写真には、武器や弾薬を運搬し、機関銃を背につけているゾウの姿もある。

やがて材木の需要が増えると、ゾウは、山奥から間引きした材木を引き出す仕事や、荷物の運搬、農耕などのために使役ゾウとして働くようになる。農耕、荷車引きなど、欧米でウマが果たしてきた役割を、アジアではゾウが行っていた。

現在は伐採した材木をゾウが森の中から運び出す作業において、大木のみを択伐《たくばつ》するミャンマーでわずかにゾウの仕事が残るくらいで、ほとんどの国で行われていない。そのミャンマーでも、近年道路の整備が進み、伐採期間の短縮や電動のこぎりなどの導入で、ゾウの仕事は減ってきている。

タイはかつて材木の大量供給元であったが、森林伐採が過剰となり自然破壊が問題視されるようになると、１９８９年に伐採が禁止された。そのため、木材会社でゾウを使い材木運びの仕事をしていたマフーたちは、チェンダーオ・ゾウ訓練センターやゾウ保護センター、メーサー・ゾウ・キャンプなどのレジャー施設で働くようになった。チェンマイのメーサー・ゾウ・キャンプは大きなレジャー施設で、70頭以上のゾウを所有している。ほかに、10～20頭を飼育する小型のゾウキャンプ

メーサー・ゾウ・キャンプ

場も各地につくられ、いずれも観光客相手のショーやライド（観光客をゾウの背に乗せる）や記念撮影を行っている。

このほか、マフーたちは世界各地の動物園にゾウの専門家として出張し、働いている。日本では、「市原ぞうの国」（千葉県）にゾウの世話をするマフーのいることが有名である。

ゾウは使役動物だった

飼育下のゾウは、何代目などという家畜のような個体はいない。本来家畜とは、長い月日をかけて人工的に交配を重ねたり、遺伝子操作を行ったりして改良を重ね、人間が利用しやすい形質にした動物である。典型的な例として、草食獣でいえばウマやウシ、ヒツジ

メーサー・ゾウ・キャンプで材木を運ぶゾウ

である。ウマは5000〜5500年前に家畜化されたと考えられている。

しかし、ゾウは違う。鼻を短くしたり、小さなゾウにしたりするような体の改良はしていない。ゾウは寿命が長いので改良するのに膨大な時間がかかってしまう。そこでゾウを改良するのではなく、飼育技術を編み出したのである。ゾウを巧みに扱う技術は、インド、タイ、スリランカなどで、長い年月をかけてマフーにより綿々と受け継がれた。材木運び、物資の運搬、農耕の使役のほかに祭りのパレード（行列）の先導役……。とりわけパレードの先導役には牙が立派なオスゾウで、成獣に達した20歳以上の個体が選ばれた。使役ゾウは、10歳くらいから荷物運びのような軽労働をさせ始め、全力で行う重労働の材木運びは15歳くらいからさせていた。健康を損なうことに配慮して、成獣になる前のゾウには重労働をさせない。ゾウの寿命は50〜70歳といわれる。ひと昔前の日本人の寿命とほぼ同じで、成長過程も似通っている。例えば人間と比べたら、ゾウの20歳は人間では20〜30歳、15歳は18〜20歳、10歳は13〜15歳ぐらいに相当する。

ミャンマーの使役ゾウは山での作業が終わると、長いチェーンで繋留《けいりゅう》するか、チェーンはつけても繋留はせず、山の中を自由に動き回りながら自分で餌を採食できるようにしている。この方法は、将来ゾウを野生に復帰させようとするとき、大きな利点となる。希少動物を飼育下で繁殖させて野生に戻そうとしたときに、多くの種が自分で餌を採ることができないからだ。

さらにメスゾウは野に放しておくと、野生のオスゾウがやってきて交尾し、メスは受胎し出産するケースもある。図らずも、自然に遺伝的な多様性が維持されるのだ。もちろんミャンマーで、すべての使役ゾウが同じような飼い方をされているわけではないが……。

飼育で難しいのはオスゾウの扱い方だが、古代より需要が多いのもオスゾウだ。この地上最大、最強の動物をどのように調教すれば従順になるか、長い間試行錯誤してきたことは、長年ゾウの飼育に携わってきた私たちには容易に想像できる。

材木を引く使役ゾウ（ミャンマー）

まず、昔から行われていたケッダ（大掛かりな柵をつくりそこにゾウを誘導して捕獲する方法）で野生のゾウを捕獲する。この場合、授乳中の5歳未満の子どもは避け、完全に離乳した5歳から10歳前後のゾウを選んで捕まえる。子どもや老獣を捕獲したときは逃がす。あくまでも使役が目的なので、子どもや老獣は対象外となるからだ。

ゾウは5歳以上になると群れのしきたりを覚えるが、人間の幼児の第一反抗期のように駄々をこねるようにもなる。ゾウの5歳ならば、体重が1500キロ前後になるので馴致《じゅんち》（飼いならす）に苦労する。もちろんゾウにも個体差があり、マフーの熟練度にもまた個人差があるので例外があるのは当然であるが。

スリランカ、インド、ミャンマー、タイなど、ゾウの飼育が長い国々で編み出した方法の一つを、タイのチェンダーオ・ゾウ訓練センターで見ることができる。乳離れしたころのゾウを保定枠（訓練用の柵）に入れ、四肢を繋留し、両前肢にベレー（足かせ）をかける。体の柔らかいゾウは、四肢を繋留しないと狭いケージの中でも簡単に方向転換ができるからだ。ゾウは人が背に乗ることを嫌がるので、最初は保定枠に入れ、四肢を繋留してゾウの身動きを制限し、乗り手は頭上に渡した横木に頑丈な綱で自身の体を縛り、ゾウの背にまたがる。こうすれば、ゾウが暴れても乗り手はチェーンや綱につかまれば空中で安全に避難できる。このようなことを繰り返し行ううちに、ゾウも根負けして乗り手が背に乗ることを我慢する

昔の保定枠（タイ）

チェンダーオ・ゾウ訓練センターでのゾウに乗る訓練。横木からチェーンをたらし、つかまって振り落とされないようにしている。

ようになる。

1頭のゾウにはマフーのほかに、餌を調達する者が3、4人付き添って一緒に生活してゾウが死ぬまで面倒を見る。もし、マスト（35ページ参照）の開始や終わりの判断を誤った場合は、暴れ狂うゾウに殺されることもある。だから、マフーはマストの兆候を見逃すまいと毎日のわずかな変化もチェックしている。

インドのマフーは、マストの約1か月前になると、ハトの糞《ふん》が腐ったような臭いがすると教えてくれた。その臭いがすると、すかさずベレーをする。マストに入ったゾウは、マフーといえども近寄ることはできないから、本格的なマストが始まる前にベレーをして、歩幅を狭くし、速足や蹴ることができなくする。ゾウは四肢を同時に空中に浮かすジャンプはできないが、前肢を揃《そろ》えて出すことはできる。さらに2メートルもある鼻を振り回すため、そばに近寄ることができないので、川や池のほとりで水が飲める場所に長いチェーンで繋留する。そして、マフーは毎日様子を見ながら餌を投げ与える。マストの初めと終わりを見極めるのは、マフーの腕次第で失敗は自身の死につながる。マストが終わると再び以前と同様に扱える。

タイにおけるゾウの飼育技術は、700〜3000年前からと諸説あるが、タイ北部のクーイ族（またはクワイ族、スワイ族）やスリン県の村など特別な地域の部族がその技を長い間伝承してきた。タイのチェンマイから車で約1時間のところにあるランパーンのタイ国立ゾウ保護センターには、マフーの養成学校とゾウの保護センターがあり、理論と実習を教えている。現地のゾウキャンプや世界各地に出かけて、ゾウの世話をするのが主な目的であろう。
スリランカの州都キャンディ近郊のピンナワラにはゾウの孤児院がある。密猟などが原因で親をなくした１００頭前後の子ゾウを保護し、離乳時まで母子を一緒に過ごさせたり、母親がいない子ゾウたちを群れで過ごさせる。そうすることで群れのしきたりや、発情、交尾、出産などの繁殖行動も体験させることができるのだ。

このような施設はインドネシアの首都ジャカルタ近く、ランプル州にあるワイ・カンバス国立公園にもあり、近年繁殖に力を入れ始めている。

日本でのゾウ

日本にゾウがやってきた

日本に初めて上陸したゾウは、１４０８年室町時代に福井県小浜市《おばまし》に渡来した南蛮船が、将軍足利義持《あしかがよしもち》に献上したアジアゾウである。その後、日本初の動物園である上野動物園（１８８２（明治15）年に開園）が開園６年後の１８８８（明治21）年にゾウの飼育を始めるまでに来日したゾウは、表①（66、67ページ）のとおりである。

なかでも注目すべき記録は、1728（享保13）年のこと。清国《しんこく》（現在の中国）商人が当時の八代将軍徳川吉宗《とくがわよしむね》に献上するために、雌雄2頭のベトナムゾウが長崎に到着したことだ。このうちメス1頭は長崎で病死し、残ったオスは二人のマフーと日本人が付き添い、長崎から江戸まで歩いてやってきた。長崎を1729（享保14）年3月13日に出発し、途中4月28日、京都に立ち寄り、中御門《なかみかど》天皇に拝謁したあと、5月25日、江戸に到着した。江戸まで約1400キロ（354里〔1里＝約4キロメートル〕）の道のりを74日間かけて歩いたのだ。長崎から江戸までの道すがら、人々がゾウを見る機会のあったことが、各地の博物館などの出版した詳細な道中記からうかがえる。吉宗に拝謁後はそのまま江戸で飼育されていた。

私は飼育係時代、オスゾウの怖さを体験しているので、当時さほど知識がない中で飼育に携わった人がマストになったゾウに接するのはさぞかし怖かっただろうと察する。もしメスゾウのほうが生き残っていたならば、おとなしくて扱いやすかっただろうに。

動物園で飼育が始まる

パンダをはじめとする希少動物の多くは、世界レベルで行っている国際血統登録への登録や、日本動物園水族館協会（現・公益社団法人日本動物園水族館協会、以下、日動水）の種保存委員会が行っている国内のみで管理されている血統登録（以下、国内血統登録）に登録することが定められている。

国際血統登録種の登録者は、その種の世界中の履歴データを持ち、世界中の動物園館における繁殖計画を立案し、繁殖を促している。アジアゾウは国際血統登録種には指定されていないが、国内血統登録種として位置づけられ、1991（平成3）年より上野動物園が登録担当園に指定されている。そして1992（平成4）年から国内血統登録の調査を行っている。それ故、上野動物園は国内のアジアゾウの繁殖計画の立案と促進を担っている。一例として最初の国内血統登録から100頭のデータについて表示方法を変えて表②（94〜101ページ）に示した。

死亡年	購入	寄贈	備考（寄贈者他）
不明		献上	応永15年　南蛮船（ポルトガル船）が若狭国（福井県）漂着。
不明		不明	天正２年　明船（中国の明の船）が博多に渡来。
不明		献上	天正３年　明船が豊後国臼杵湾（大分県東部）に来着。
不明		献上	天正７年　カンボジア国王薩摩で抑留。
不明		献上	慶長２年　フィリピンのルソンのスペイン総督。
不明		献上	慶長７年　ゾウ以外に、トラ、クジャクと共に贈られる。
		—	その後、このゾウ（No. 6）は豊臣秀頼に贈られる。
1728.09.11		献上	享保13年６月７日長崎に入港、19日唐人屋敷に収容。
1742.12.11		献上	享保14年 3月13日長崎から江戸に向かう。
不明		—	文化10年　長崎に来着したが幕府は受け取り拒否。
1874. ?. ?	—	—	文久３年　アメリカ船が江戸両国橋で見世物にする。

第二次世界大戦開戦までにアジアゾウを飼育していた動物園は、上野動物園（東京）、天王寺《てんのうじ》動物園（大阪）、東山《ひがしやま》動植物園（愛知）、京都市動物園（京都）、熊本市動植物園（熊本）、甲子園阪神パーク（兵庫、2003年に閉園）の6園だった。このうち戦争で処分されなかったゾウは愛知県名古屋市の東山動植物園にいた2頭のメスゾウのみだった。戦時下ではゾウに限らず猛獣は、逃亡の恐れがあるとして1943（昭和18）年の上野動物園を皮切りに殺処分がされたのだ。

1949（昭和24）年9月4日、戦後初めてはな子（来日より約5年後から井《い》の頭《かしら》自然文化園において飼育。2016年5月26日69歳で死亡。アジアゾウで国内最高齢の記録を持つメスゾウだった）が上野動物園に来日した。はな子はタイと日本の友好のシンボルとして子どもたちの要請があってタイから日本にやってきた。来日当初の愛称は

No	来日年月日	寄贈先	愛称	オス	メス	搬出国	出生年
1	1408.06.22	足利義持	なし	不明		不明	不明
2	1574.07. ?	大友宗麟？	なし	不明		不明	不明
3	1575. ?. ?	大友宗麟	なし	不明		不明	不明
4	1579. ?. ?	大友宗麟	なし	不明		カンボジア	不明
5	1597. ?. ?	豊臣秀吉	ドン・ペドロ	不明		不明	不明
6	1602. ?. ?	徳川家康	なし	不明		ベトナム	不明
		豊臣秀頼	なし				
7	1728.06.07	徳川吉宗	なし		○	ベトナム	1723
8	1728.06.07	徳川吉宗	なし	○		ベトナム	1721
9	1813.06.28	徳川家斉	なし		○	セイロン	1808
10	1863.04. ?	—	不明		○	不明	1860

表①：日本にやってきたアジアゾウ（初渡来から動物園の開園まで）

ガチャといった。それから21日遅れの9月25日にアジアゾウのインディラがインドのネルー首相より、日本の子どもたちへの親善大使として上野動物園に贈られた。

上野動物園ではインディラとほかの動物たちで移動動物園を編成し、1951（昭和26）年に、関東から東北、北海道まで半年間にわたり巡業をした。インディラは行く先々で人気者になり、わずか半年の巡業でおよそ400万人の人々に熱狂的な歓迎を受けたことは語り草になっている。その後戦後の復興期には、全国各地に雨後の竹の子のごとく動物園が誕生し、各地の動物園でゾウを飼育するようになった。

ちなみにアフリカゾウは、1965（昭和40）年に旧金沢動物園（石川県金沢ヘルスセンター）、神戸市立王子動物園（兵庫）に各1頭が搬入されたのが最初である。その後、群馬サファリパーク、富士サファリパーク、伊豆《いず》バイオパーク（現・伊豆アニマルキングダム）、姫路セントラルパーク、秋吉台《あきよしだい》自然動物公園などのサファリパークが開園したこともあり、1992（平成4）年には24園で、飼育頭数は71頭に増加した。しかし次第に減少し、2019（平成31）年1月には17施設33頭（メス27頭・オス6頭）となっている。アフリカゾウ2種の国内血統登録は群馬サファリパークの園長が一貫して担当している。彼は獣医師でもあり国内のゾウに関しては豊富な知識と経験を持ち、その腕は多くの動物園から頼りにされている。

同じく2019年1月現在、日本では、マルミミゾウは広島市安佐《あさ》動物公園でメス1頭、秋吉台自然動物公園サファリランドでオス1頭の計2頭が飼育されている。

日本の動物園におけるゾウ飼育管理の移り変わり

さて、日本でのゾウの飼育管理は少しずつ移り変わっている。その流れを紹介してみるとしよう。

本書では、日本のゾウの飼育管理の移り変わりを大きく五つの時代に区切ってみた。

(1)明治〜1970(昭和45)年まで

タイ、インド、ミャンマーといった原産国の伝統的なゾウの飼育法をもとに、各動物園の担当者がそれぞれ独自に改良しながら行っていた。

(2)1970年〜

欧米に留学していた上野動物園の故中川志郎獣医師が帰国し、飼育全般の改革を行った。中川志郎氏は、上野動物園に中国から初めて寄贈されたジャイアントパンダのランラン、カンカンの飼育チームのリーダーを務め、1987(昭和62)年からは七代目の園長になった。改革とは、丹念な行動調査を取り入れたことで、ゾウについての記録も始まった。

(3)1986(昭和61)年〜

飼育技術を学ぶために各地のゾウの飼育係たちが集まって行う研修会の準備委員会が発足し、正式名称「ゾウ会議」が開かれるようになる。1991(平成3)年には「全国ゾウ会議」に発展し、ゾウの飼育のノウハウを交換共有し、全国規模でゾウの飼育を考えるようになった。

ちなみに、アメリカでは準間接飼育(プロテクテッド・コンタクト)を行うために、1987年、サンディエゴ・ワイルドアニマルパークとシーワールドの共同開発によるゾウのターゲット・トレーニングが始まる。この方法はスリランカ、インド、タイなどの伝統的なゾウ飼育管理法とは違う、まったく新しい飼育管理法で、シャチやイルカを対象としたターゲット・トレーニングをゾウに応用したものだ。

この内容は、冒頭で挙げたゾウのターゲット・トレーニングの創始者の一人、アラン・ルークロフトの飼育法であり、第四章で詳しく紹介しよう。

(4)1994(平成6)年には多摩動物公園で、1995(平成7)年には姫路セントラルパークで、アフリカゾウの準間接飼育が始まる。

動物の多様で正常な行動を引き出すとともに、異常行動を減らし、動物の福祉と健康を改善するために飼育環境に工夫を施す、環境エンリッチメントを模索し始める。

(5)2010(平成22)年〜

札幌市円山《さっぽろしまるやま》動物園、多摩動物公園、上野動物園が準間接飼育の第一人者、アラン・ルークロフトを招聘《しょうへい》して指導を受け始める。すでに多摩動物公園では、彼の指導を受け、スリランカゾウの高齢のオス、アヌーラを2017年10月に旧ゾウ舎から新ゾウ舎(室内施設)へ移動させた。札幌市円山動物園では、2018(平成30)年10月に屋内・屋外施設を併設した新しいゾウ舎が完成し、11月にミャンマーからやってきた4頭のゾウの本格的な準間接飼育を始めている。

ゾウの飼育は命がけ

ゾウの飼育の難しさは、ゾウによる人身事故が後を絶たないことにあった。事故には二つの原因が潜んでいる。

一つはゾウに関する問題である。

1960(昭和35)年頃、国内の動物園に導入されたゾウの多くは、5歳前後の子ゾウだった。人間でいえば、7歳くらいの子ゾウだ。そのため、危険も最小限に留まっていた。しかしやがて導入から10年が経過すると子ゾウは成獣に達する。このころになると各地の動物園で事故の報告が出てきたのだ。

そして、もう一つは飼育係側の事情だ。

私がゾウの飼育に携わり始めた1960年代、ゾウ係が一般的に参考にしたのは、前述したように原産国のインドやタイのマフー、そしてサーカスで行っている調教技術だった。ゾウの搬入時に担当だった飼育係たちは人事異動でゾウ係からはずれ、かわりに新人がすでに成獣となっているゾウ飼育係になった。私のように在職から一貫してゾウ飼育係という例は珍しかったのである。

成獣のゾウは威圧感もあり、新人の中にはゾウを制御できなくなり、攻撃されて負傷す

メナムに乗る著者　（公財）東京動物園協会提供

る者が出てきた。反対にベテランのゾウ係が荒れるゾウを懲らしめようと一人で立ち向かい、あえなく返り討ちにあった話は、日本のみならず世界中の動物園から報告されている。「このオスゾウはマフーをこれまで7人、あの世に送った」と言っていたその人もまた、あえなくそのゾウに殺された、などという恐ろしい逸話もある。ゾウに虚勢や見せかけの愛情など通用しない。

週休2日でゾウと一緒にいる時間が一日のわずか1時間程度しかない動物園の飼育係が、四六時中ゾウと寝食を共にしているマフーやサーカスの飼育方法で同じ結果を求められても所詮は無理というものである。

上野動物園の飼育——そして殉職事故が起きた

日本では上野動物園が最古の動物園である。1882(明治15)年3月20日、農商務省(今は農林水産省と経済産業省に分割している)所管の博物館付属施設として開園された。当時、動物園に集められた動物は日本産のものが主体で、農商務省が所管ということもあり、家畜も展示に加えられた。それから宮内省の付属機関となったことで、外国の王室からの贈り物などの多くの動物が展示されるようになった。その後、東京市(当時)に宮内省から下賜されたため頭に「恩賜」がつき、恩賜上野動物園と称された。ちなみに上野動物園の所管はその後、東京都建設局へと移り、現在は公益財団法人東京動物園協会が管理している。

やがて関西にも動物園が設立された。1903（明治36）年には京都市に京都市動物園、1915（大正4）年には大阪市に天王寺動物園が開園し、徐々に全国に動物園が誕生していった。2019（平成31）年4月1日現在、日動水には動物園91園、水族館57館（計148園館）、維持会員68団体が所属している。園館数で見れば、アメリカの223園に次ぐ世界で2番目の数である。

記録とりが重要だ

1959（昭和34）年、私は上野動物園に採用され、園内の独身寮に入った。その独身寮で、私は獣医師として上野動物園に勤務する前述の故中川志郎氏に出会った。その後、彼は公私ともに生涯にわたり私にとって最高の指導者となった。彼は1969（昭和44）〜70（昭和45）年にかけて、主にイギリス、スイスの動物園に留学し、ヨーロッパおよび北米の主要な動物園を歴訪し、当時の最先端の動物園学を学んだ。帰国後、国内の動物園、博物館、動物愛護協会等々で次々と西欧式の運営方式を紹介し、新風を巻き起こした。本書では私たち飼育係が直接指導を受けた動物の行動調査について紹介する。

1965（昭和40）年以降になると、飼育の専門職として大学の畜産、生物、動物学科の卒業生が採用され始めた。大学で畜産を専攻した学生や、獣医師の免許を持ちながら飼育係を希望する優秀な人材が動物園に入ってきたのだ。そんな彼らの活躍の場が開けたのは、中川氏が欧米の動物園のノウハウを学んで帰国した後のことだった。

1970（昭和45）年8月、それまで清掃と餌の準備が主業務だった飼育係が、中川氏の指導のもと、茨城大学農学部出身の逸材、故中里龍二氏を班長にして、群れで飼育をしている動物（カンガルー、マントヒヒ、ペンギン、サル山のニホンザル）を対象として、初めて行動調査を行った。行動調査は、飼育係が担当する動物をより理解し、最適な飼育法を見いだすために行われる。各班4、5人の行動調査班を結成し定期的に会合を開き、結果を考察するとともにその都度改善点を検討した。

実はゾウは行動調査の対象外であったが、私たちゾウ係は6人の班員全員で記録するゾウの個体別日誌を初めて作成した。これはサル山の行動調査方式をゾウに応用したのだが、従来の日誌と異なる点は、1時間ごとの行動と場所を、朝ゾウが室内から外の放飼場《ほうしじょう》に出て夕方再び室内に戻るまで、1日の時系列変化を記録したのだ。この結果、それまでより終日ゾウの動向が把握できるようになった。夕方入室後は餌をコンスタントに採食するかしないかを10分間、1分ごとにチェックした。

さまざまな行動を数値で残したいと考えていた私たちは、次にカウンターを使って毎日、午後1時から15分間の歩数を記録した。歩数の多かった日を参考にして、1時間に歩く歩数を換算すると８００〜３５００歩になった。歩数に前肢の歩幅（オスゾウ約２００センチ、メスゾウ約１６０センチ）を掛けると移動距離が計算できる。ほぼ野生ゾウの歩行速度に類似した結果になった。ただ、動物園ではこの速度で1時間歩き続けることはない。

睡眠時間も調査した。１９７０（昭和45）年3月に7名体制で3頭のゾウ（メス・36歳と26歳、オス・7歳）の1週間の夜間調査を実施した。その結果、それぞれのゾウの睡眠時間は36歳のメスは4〜5時間、26歳のメスは5〜6時間（いずれも起立してまどろむのを含む）だった。26歳のメスは横になって寝るとたびたび大きなガスを出し、大きなお腹をゆすっていた。7歳のオスが横になって寝たのは平均で約4時間、まどろんだのは45分だった。このオスはまどろむときに約50％の確率で鼻を前肢の間にはさみ、あとは地面につけたり、口にくわえたりしている様子が見られた。まだ子どもなので長い鼻の扱いに迷っているのではないかと考えられた。

餌については、10キロの青草を与えて食べる時間を調査したこともある。わずか10分足らずで10キロの青草を食べてしまった。改めてあまりの早さに驚いた。

排便回数は24時間で8～10回だったが、野生ゾウの場合、20回前後なので動物園の2倍排便している。腸内通過時間はほぼ一定しているので、動物園のゾウの排便回数が少ないのは、野生ゾウに比べると大幅に採食時間が短いことに原因があることがわかった。そこで、この頃パンダの食べ残した竹を平均約10キロ与えていた。竹は食べるのに時間がかかるため、ゾウの食事の時間を延ばし、自然環境にいるときと同じ採食状況をつくりだすエンリッチメントでもあった。

こうして私たちゾウ係は、ゾウの行動や特性を学び飼育に生かしていくことができた。

ゾウ係の怖い体験

ゾウ係の仕事についた当初は、号令をかけてもゾウは私を無視して一向に動かなかった。それでも毎日ゾウ係としての仕事に取り組んでいたので、3か月後くらいから、ゾウは私が世話をする係だと納得して初めて命令を聞き始めた。

最初は先輩と二人で担当していたので、現在のような4、5人体制よりもゾウに早く馴《な》れることができたと思う。それでも初めのころ、インディラは先輩の目を盗んで半歩ずつ私の方に静かに巨体を寄せてきて、逃げ場のない部屋の隅に私を追い込むという悪賢い面もあった。私のことを飼育係として認めていないのだ。このような怖さは、まれにではあるだろうが、新人時代以降でも体験することがある。

新人時代はゾウの生態など知る由もなかった私だったが、日を追うごとに彼らの秘めた能力を知ることになる。ゾウの怖さの一つは5トン前後にもなる巨体にもかかわらず、いざというときの動きが素早いことである。ゾウにとってはとても狭い、2×4メートルほどの空間でも瞬時にくるりと方向転換ができるし、もちろんその長く重い鼻は振り回すとびゅんと音がなり、当たればその衝撃はすごい。

メスゾウ同士のけんかは、自分の全体重をのせて一気に激しい音を立ててぶつかり合う。長い牙のないメスゾウはただ押し合うだけなのだが、狭い室内では野外と違い逃げ場がない。負けたゾウはくるりときびすを返して相手に尻を向ける。すると今度は鼻で負けたゾウの尾を摑《つか》んで咬《か》み、骨まで砕いたりもする。目の前で見るとその迫力たるやものすごく、もしその攻撃を人間に向けてきたらと思うと、恐怖心を抱くのは当然のことだ。

それ以外にも、ゾウ係歴約40年の間に遭遇した危険な場面をあげてみよう。

(1)ケンカのとばっちり

1962（昭和37）年の秋から冬の頃だった。18歳になったメスのジャンボと28歳のメスのインディラは、しばしばけんかを繰り返していた。夜間同じ室内で過ごすため、おそらく餌の取り合いが原因だったのだろう。前述のようにメス同士のけんかの場合、押し合いで負けたゾウは相手に尻を向け、大概はそれで終わるのだが、それでも鉾《ほこ》が収まらないときは執《しつ》拗《よう》に背後から腰部が持ち上がるくらい押す。ジャンボはいつも負けるのだが、大きなお腹がしぼむほどの勢いで後ろから押される。2、3回後ろからかち上げられたジャンボは下痢便をぶちまけるように排泄《はいせつ》し、たちまち床が便で黄色になったこともあった。負け戦のジャンボを見ていると哀れでかわいそうだった。

ある朝、私はいつものように、背のごみを払い落とすためにインディラに「座れ！」と号令をかけた。インディラが後肢を折って座ろうとしたそのとき、横から猛烈な勢いでジャンボが突きかかってきた。ジャンボは正面から押し合ったのではインディラにかなわないのを悟り、インディラが座るときを狙ったのだ。インディラはよろめいて倒れかかり、私はとっさに下敷きにされないように壁際にあった、高さ約1メートル、幅30センチ程度の段の上にとび乗り難を逃れた。そのあと、攻撃されたインディラは猛反撃し、グウの音も出ないほど、ジャンボを部屋の隅に押し込んだ。

室内が1部屋しかなく2頭は同居していた。1968（昭和43）年には新ゾウ舎に引っ越し、当時西園に仮住まいしていたオスのメナムも翌年1月19日には合流して、3頭をそれぞれ個室で飼育し始めた。

(2)ゾウが本気で攻撃してきた

1971（昭和46）年の秋、私はひとしきりゾウの調教をした後、そのまま放飼場の端に座り、ゾウの様子を見ているのが日課だった。

ある日、当時一緒にゾウを担当していた同僚と座って見ていると、突然メナムが、横から私に向かって鼻を振って攻撃してきた。すぐ横にいた彼を攻撃するのならわかるのだが、彼を飛び越してなぜか反対側にいた私を狙って攻撃してきたのだ。彼はすぐにメナムを叱り、事なきを得たが、一人で座っているときならば鼻で飛ばされるところだった。このときメナムは6歳になりやんちゃな盛りになっていた。同僚はメナムが2歳のときから手塩にかけて面倒を見ていたので、彼にはとても従順だったが、後から担当になった私には反抗的であった。

(3)冬になると足の小指が疼《うず》く

1979(昭和54)年9月22日、インディラの来園30周年記念行事として、インド特命全権大使、東京都知事、上野動物園園長ほか関係者出席のもと、ゾウ舎前で記念式典が行われた。私は前日、インディラに左足の小指を踏まれて、自分の長靴がはけないほど指が腫れて痛く、同僚の大きな長靴の片方を借りてインディラに乗った。式典は無事に終わったが、それから1週間経っても腫れが引かないので病院に行き、レントゲンを撮ったら骨折していた。

その10年後の1989(昭和64)年、今度は右足の小指をアーシャーに踏まれた。インディラとアーシャーは共に私に叱られて捕まるのを嫌がり、アーシャーは私の長靴の端、約1センチを踏んで逃げたのだ。インディラに踏まれた左足のこともあったので、もしかしたらと思い、今度は帰宅後すぐに病院でレントゲンを撮ってもらったら、やはり骨折していた。外科医から「川口さんは骨粗鬆症《こつそしょうしょう》じゃないの?」と言われたが、さすがに相手がゾウとは言えなかった。この古傷が真冬になると時折痛む。

そして殉職事故が起こった

上野動物園在職中に、私はとても悲しい殉職事故を経験した。

それは40年以上前の1974（昭和49）年8月22日のことだ。今でも鮮明に記憶に残っている。同僚のゾウ係の殉職事故だ。この事故は全国の動物園やゾウ関係者に大きな衝撃を与えた。

そのころ住んでいた渋谷区恵比寿の東京都職員の独身寮にパトカーがきて、警察官が私の居場所を管理人に尋ねた。パトカーがやってきたので、管理人はとてもあわてて私のことを、まるで指名手配の犯人かのように探したそうだ。その日は休みだった私が、夕方何も知らずに寮に帰ると、落ち着かない管理人が待っていた。そしてすぐに動物園に行くようにといわれ、直行した。

動物園で対面したのは、宿直室で眠るように穏やかな顔で横たわる同僚の姿と、涙も枯れ果てて憔悴《しょうすい》した顔で付き添う彼のご両親とお姉さんだった。家族の悲しみは深く、恐らくご両親は死ぬまでその悲しみを抱えていたことだろう。

実は私がゾウ係になった翌年の1960（昭和35）年に、井の頭自然文化園でゾウ係の同様の殉職事故があったので、ゾウと接して仕事をする場合、飼育は複数で行うようにといわれていた。ところがこの事故は上野動物園で起こった事故ではなかったことや、当時飼育中のジャンボとインディラがおとなしく、2頭にゾウ係が攻撃されたことがなかったため油断していた。

作業を分担せずに、二人で一緒に一つの仕事をすると、作業に時間もかかり手間も取る。そこで、事故のあった日もいつも通り、一人がインディラとメナムの面倒をみて、もう一人は隣の放飼場でジャンボの入室の準備をしていた。見ていた入園者の話によれば、同僚が竹《たけ》箒《ぼうき》を肩に担ぐようにしてきて、ジャンボの前でくるりと方向転換したとき、ゾウが鼻を伸ばし同僚を押しのけたそうだ。運悪く背後には鉄柵があり、同僚は間に挟まれてしまった。ジャンボは同僚に竹箒で叩《たた》かれると誤解したのかもしれない。事故は得てして想定外で起こるものだ。ジャンボに攻撃の意思がなかったことが、そのとき見ていた入園者から「ゾウ係が倒れ込んでいてもゾウに攻撃する気配はなく、その場に佇《たたず》んでいた」と報告されている。

この事故は上野動物園にとって戦後最大の不祥事であった。事故処理にあたった警察の追及は厳しく、結局、ゾウのような危険な動物には危険防止対策を含めた飼育マニュアルを作成しておいた方がよいと指導を受けた。早速、東京都の動物園でゾウを飼育している三園、上野動物園、多摩動物公園、井の頭自然文化園の管理職とゾウ係が一堂に会し反省会と今後の飼育方針を協議した。

このとき初めて飼育方法を、直接飼育、間接飼育、準間接飼育の三つに区分した。ただ、このとき規定した準間接飼育の定義は、直接と間接のどちらにも属さない方法が出てくるであろうと予測して設けられたものだった。この準間接飼育とは、ゾウに攻撃されても死亡事故にならないようにする配慮が必要で、飼育係の身の安全を確保したうえでゾウに接するようにする。そのためには柵越しにゾウと接することで、ゾウから攻撃を受けても飼育係が怪我をせずにすむというものだった。

飼育課全体として上野動物園での事故を重く受け止めて、生涯の戒めとした。私は一緒にゾウを扱っていた係の一人として、また先輩として責任の一端を自覚し、この悲しい経験を踏まえ、二度と事故を起こさないために後輩の指導をしなくてはいけないと若輩の身ながら痛感した。その後、1976（昭和51）年には同僚とともに、『ゾウの飼育教本――事故防止を中心に――』という冊子を作成した。

スタート！　ゾウ会議

殉職事故のあった1970年代にはまだ、各動物園のゾウ係同士が飼育に関する情報を交換できる場というものはなかった。そこで情報交換の場として設立したのが、「ゾウ会議」である。ここで、「ゾウ会議」についての話をしよう。

1985（昭和60）年のことである。横浜市の金沢動物園は、上野動物園と同様にインドからアジアゾウの雌雄を導入した。

ある日、金沢動物園のゾウ係が上野動物園のゾウ舎を訪れた。用件は、「国内でゾウを飼育している動物園の多くで管理方法がよくわからず、負傷事故が相次いで起きています。ついては、国内で飼育技術を学ぶために、有志が集まってゾウの飼育技術を学ぶ研修会をつくりませんか」という申し入れだった。彼には海外の情報に詳しい獣医師の援護もあった。私たちは奇《く》しくも同じ1974（昭和49）年に同僚の殉職事故を経験していることもあり、瞬く間に意気投合した。

準備委員会の発足

早速「ゾウ会議」を公のものにするために私たちは動いた。上野動物園からは、日動水の公式会議と位置づけさせるのが好ましい、との助言があり、そのための準備を進めた。

こうして1986（昭和61）年の秋、「ゾウ会議」の開催に向けて準備委員会が開かれた。

と同時に、関東・東北地方にある動物園の管理者は、ゾウ会議を日動水の事業の一つである種の保存会議（ＳＳＣＪ）に所属させ「種別会議――ゾウ」として認めた。こうして、各々が各々の現場でバラバラに試行し、悪戦苦闘していた飼育係たちのネットワークができたのである。

初期ゾウ会議

当初の主な目的は〝多発するゾウによる事故をどのように防止するか〟ということだった。しかし、せっかく集まるのだから危険防止については毎回のテーマとして取り上げることとしながら、ほかにもう一つ、会議ごとに議題を選び勉強していくことにした。

参加者は、実際にゾウを飼育しているゾウ係と獣医師を含む管理職。動物園の責任者は管理職である。管理者の考え方が、動物園の行方を左右するゆえ、彼らに理解してもらう必要がある。そこで管理職も招いた。飼育係の集まりで出るさまざまな意見を踏まえ、どのような施策をとり、どう行動するかは管理職の理解と実行力次第でもある。管理職がほかの動物園の実情を知り、理解を深めて対応すれば、動物園としても全体の向上につながる。単にゾウ係の愚痴のこぼし合いにならないために、管理職と一緒に出席することで実行力のある会議になると考えた。

動物園に大学の畜産や動物、生物学科を卒業した人たちが採用される前は、多くの動物園で、専門的な知識の豊富な獣医師が、園長や課長補佐的な役割を務め、発言力も強く管理職と同等とみなされていた。

ただし、ゾウ会議ではまず、最先端の研究や大学で学ぶ学術的な内容よりも、現場の職員がすぐに活用できるノウハウを優先して共有し、学んでほしいと考え、まずは、ゾウ係が安全にゾウの世話ができる方策をみんなで討議する会議にした。

記念すべき第1回関東・東北ブロックのゾウ担当者会議は1987（昭和62）年10月19日、上野動物園で開催された。出席者は関東・東北ブロック以外に、中部ブロックの浜松、豊橋、静岡の各動物園も出席し、16の動物園、飼育係27人、管理職9人が出席した。

危険防止を念頭に置いた会議なので、まず最初にそのことを取り上げた。経験や認識を共有するために、さまざまなアンケートも試みた。その中でアジアゾウに攻撃された経験があったと回答したゾウ係は、全19人中12人もいた。また一園あたりのゾウ係の人数は二人が8園、3人が6園、4人が2園。2、3人で担当している動物園が多かった。

参加者全員を5、6人のグループに分け、全員が発言できるようにした。どんな動物園でも良い点と改善したい点はあるものだ。少人数ならば、一人ずつ順に各園の事情や、悩みも発言できる。自らが発言したことで会議に参加した思いが強くなり、出席者は全員が達成感を感じて帰ったと確信した。この少人数にわかれたミーティングでの発言については、各動物園が発表したくない情報もあるため、印刷物での公表はしないことにした。しかし、危険に遭遇した生々しい未発表の事例こそが危険防止の資料になる。

ゾウ会議でゾウ係が最も興味があるのは、現場研修だろうと考え、実際にゾウを使って上野動物園で実地研修を行った。10歳になるアジアゾウのメス、アーシャーとダヤーをモデルに実演した。

内容は次のようなものだった。

・上野動物園がインドの調教師の指導でつくっていたゾウ用の鞍《くら》の紹介とその付け方、乗り降りの仕方（上野動物園では当時、飼育のために、ゾウに乗っていた。鞍をつけていると、乗ったときに鞍をつかむことができて振り落とされずにすむ）。

・室内から室外に出したとき、興奮気味になっているゾウを落ち着かせるために、ゾウの横に立って耳を持ったり、横に並んで一緒に歩いたりして放飼場を一巡する引き運動。

・ゾウのケアで大事な仕事の一つである蹄《ひづめ》の手入れ。

・危険防止対策として上野動物園が具体的にどのように対応しているか。
・どのような方法でゾウに接し、動かし、調教したか。
・ゾウ舎の良い点や、改善したい点、柵の幅や高さ、広さ。
・使っている器具、手鉤《てかぎ》（フック）、チェーン、ベレー、ガウン、他。
・保定法。ゾウをチェーンで繫留する方法。
・餌の種類と給与量。

当初は関東・東北ブロックだけのつもりだったゾウ会議は1年に1回、終日、開催場所は各園の持ち回りで行われた。第4回を終了した時点で、関西や九州ブロックからの要望も増え、全国レベルのゾウ会議となった。

ゾウ会議で何が変わったか

ゾウ会議を通し、管理職からは、他の動物とは分けて、ゾウの管理要項を整える必要があることや国内外のゾウに関する最新の情報などが得られたという声が寄せられた。そして各園の取り組む課題解決の参考になった。それまでゾウ係の増員はどこでも難しくてできなかったが、ゾウ会議のおかげで各地の動物園でそれが実現できたという報告も受けた。

ゾウ会議を立ち上げる前、東京都ではゾウを飼育している動物園3園が、1984（昭和59）年に「ゾウの飼育管理に関する安全対策要綱」を作成していた。その骨子は、ゾウ係は複数で1頭のゾウに接し、ゾウの調教時には管理職（係長以上および獣医師を含む）が監視するという内容のものであった。そこでゾウ会議でも、1頭のゾウに二人以上の飼育係が必要であるとした。この通りに実行すると2頭ならば4人、3頭ならば6人となる。ゾウ会議の第1回のアンケート調査では、ゾウの頭数にかかわらず2、3人で担当している動物園が多かった。どこの動物園でも簡単に増員できないのが実情だが、ゾウ会議の効果もあり、ゾウは特に危険という認識が各園に浸透し、ゾウ係は増員が進んだ。そして管理要項もつくられ始めた。

ゾウ係は、他園の飼育状況を知ったり、情報交換が可能となり、自分の取り組みを客観的にとらえ直すことができるようになった。

また会議を重ねていくうちに、ゲストを招き、学術的・専門的な知見を広める機会も増えた。繁殖や科学的なトレーニングについて学ぶことも可能になった。

ゾウ会議は今も定期的に開催され、活発なやり取りが行われている。

これからゾウをどう飼うか

動物園における飼育動物の中で、ゾウは今まで書いてきたようにさまざまな面で特異な存在といえる。かつて私は、飼育係を育成するためにはマフーのような技術を習得するゾウの学校が必要であろうと考えていた。

しかし2010（平成22）年に、準間接飼育を牽引《けんいん》するアランと再会し、彼の飼育法を知って動物園が目指すゾウの飼育方法は動物飼育の原点に返り「24時間を通じてゾウが自由に過ごせる配慮と自然環境を整え、繁殖を目指さなくてはならない」と考えが変わった。

1960年代には動物園にゾウを導入する際、野生ではメスが集団行動をとる動物なのに、そのことが理解されていなかったためか、群れを意識して飼育を計画した動物園は皆無だった。現在、繁殖が滞っているのは、群れを導入するという意識に欠けていたことが大きな原因の一つだ。日本の動物園が1980（昭和55）年に飼育していたアジアゾウは、43か所の動物園で72頭だった。そのうち、オスゾウはわずか3頭。繁殖させるためにはオスも必要である。しかし日本の動物園は長い間ゾウの繁殖のことを考えず、「見せる」ことで満足していたのだ。前述した通り、やがてゾウも繁殖が重要視され始めたものの、1980（昭和55）

年に日本もワシントン条約（絶滅のおそれのある野生動植物の種の国際取引に関する条約）締約国となり、今や以前のように容易に動物を輸入できなくなった。

では、50年後も動物園でゾウが見られるようにするにはどうしたらいいのだろう。

その答えを次章からのアランが提唱する理論からくみ取ってもらいたい。

〈コラム②〉　夜警の思い出

1959年夏、上野動物園に就職すると、私（川口）にとって運悪く当時勤務していた3人の夜警の一人が入院した。そこで実習生でまだ担当が決まっていない私に白羽の矢が立ち、夜警をすることになったのである。夜警は東園と西園で各一人が、夜10時、夜中の2時、朝の5時の3回。すべての動物舎を巡回して、異常があれば宿直に連絡するのだ。

私は懐中電灯の明かりをたよりにおそるおそる動物舎を巡回した。類人猿舎に入ると今までシーンとしていたチンパンジーが突然鉄製のドアをガンガン叩き、キャー、キー、と大声でわめき威嚇してくる。猛獣舎に行くとクロヒョウの姿が見えない。檻《おり》の傍によるとクロヒョウは、すぐ前の隅でジーッとこちらを凝視している。ライオンの獣舎は50センチほどの四角い窓から中をのぞくようになっている。その窓の裏側（獣舎内）には台があり、ライオンの休憩場所になっている。私が顔を近づけたら、ライオンは不意に地面から飛びあがって顔を見せた。目の前30センチに大きなオスライオンの顔が窓いっぱいに現れ、これまたびっくり仰天。寿命が縮むほどの経験で、生涯忘れない。

もちろん、怖い思い出だけではなく、全種類の夜の生活ぶりが観察できて、あとあと大いに参考になったのは言うまでもない。

出生年（推定）	死亡年	年齢	購入	寄贈	備考（寄贈者他）
1873	1932.10.06	59	○	○	シャム国（タイ）皇帝より
1880	1893.03.01	13		○	シャム国皇帝より
1902	1926.10.12	24	移管		大阪博物場附属動物檻より
1920	1939.01.30	19	不明		
1921	1934.10.09	13	○		
1918	1943.08.09	25	○		戦時中殺処分
1920	1943.09.23	23	○		戦時中殺処分
1902	1942.03.20	40	○		東京浅草花屋敷合資会社より
1928	1937.10.07	9	○		
1934	1942.03.16	8	○		
1917	1943.09.11	26		○	シャム国少年団より　戦時中殺処分
1915	1942.01.20	27		○	シャム国少年団より
1933	1937.12.07	4	不明		
1894	1944.02.12	50		○	木下サーカスより
1923	1945.01.18	22		○	木下サーカスより
1902	1963.09.09	61		○	木下サーカスより
1923	1963.10.08	40		○	木下サーカスより
1932	1943.06.24	11	不明 譲渡		
1928	1946.01.31	18	不明 ○		
1937	1945.04.27	8	○		戦時中殺処分
1947	2016.05.26	69		○	タイ・プラサラス大臣より 国内最長寿を記録
1934	1983.08.11	49		○	インド・ネルー首相より
1943	1956.08.27	13	○		
1949	2014.07.29	65	○		
1950	2000.05.19	50	○		
1947	1990.10.07	43	○		朝日新聞社より
1948	1964.06.02	16	○		ルアン氏より
1949	1986.05.02	37	○	○	タイ・ソムアンサラサス氏より

表②：明治時代以降、動物園に搬入されたアジアゾウ100頭の記録

No	来園年月日	施設名	愛称	オス	メス	搬出国
1	1888.05.27	東京都恩賜上野動物園	なし	○		タイ
	1923.12.05	浅草花やしき				
2	1888.05.27	東京都恩賜上野動物園	なし		○	タイ
3	1915.01.01	天王寺動物園	団平	○		マレーシア
4	1921.06.09	名古屋市東山動植物園	初代花子		○	不明
5	1922.11.26	京都市動物園	なし	○		不明
6	1924.10.23	東京都恩賜上野動物園	ジョン	○		インド
7	1924.10.23	東京都恩賜上野動物園	トンキー		○	インド
8	1926.11.11	天王寺動物園	常盤		○	マレーシア
9	1929.09.21	熊本市動植物園	メリー	○		インド
10	1935.05.20	京都市動物園	ジャンボ	○		不明
11	1935.06.04	東京都恩賜上野動物園	ワンディ花子		○	タイ
12	1935.06.04	天王寺動物園	ランプール		○	タイ
13	1937.06.10	名古屋市東山動植物園	二代目花子		○	不明
14	1937.12.24	名古屋市東山動植物園	キーコ		○	不明
15	1937.12.24	名古屋市東山動植物園	アドン	○		不明
16	1937.12.24	名古屋市東山動植物園	マカニー		○	不明
17	1937.12.24	名古屋市東山動植物園	エルドー		○	不明
18	1937.—.—	甲子園阪神パーク	トム		○	タイ
	1943.04.27	天王寺動物園				
19	1937.—.—	甲子園阪神パーク	共栄		○	スマトラ
	1943.04.27	京都市動物園				
20	1938.03.05	熊本市動植物園	エリー		○	インド
以下第二次世界大戦終戦後						
21	1949.09.04	東京都恩賜上野動物園	ガチャ		○	タイ
	1954.03.05	東京都井の頭自然文化園	花子			
22	1949.09.25	東京都恩賜上野動物園	インディラ		○	インド
23	1950.03.24	神戸市立王子動物園	まや子		○	不明
24	1950.04.14	天王寺動物園	春子		○	タイ
25	1950.06.05	天王寺動物園	ユリ子		○	タイ
26	1950.06.12	宝塚動植物園	メリー		○	タイ
27	1950.07.26	宝塚動植物園	ソム	○		タイ
28	1950.08.16	京都市動物園	ミヤコ		○	タイ
	1960.03.22	いしかわ動物園				

出生年（推定）	死亡年	年齢	購入	寄贈	備考（寄贈者他）
1944	2003.11.27	59	○		
1945	1994.01.23	49	○		No. 64 へ移動（交換）
1943	2008.04.10	65	○		
1947	2009.09.17	62	預かり ○		小田原より
1935	1978.07.05	43	○		
1942	1971.04.12	29	○		
1944	2003.10.07	59	○		
1944	2000.06.28	56		○	移動動物園運営委員会より
1944	1975.01.24	31	○ 交換 ○		
1950	1959.05.06	9		○	タイより
1950	1985.03.20	35		○	タイより
1943	1960.09.27	17		○	仏舎利塔奉讃会より
1950	———		○ ○		
1943	1994.01.26	51		○	タイ・バンコク市長より
1944	1955.11.07	11	○		
1948	1951.—.—	3	不明		
1949	1984.02.22	35	○		
1951	1978.09.11	27		○	インド・ネルー首相より
1946	1971.—.—	25	○		
1946	2007.01.28	61	○		
1951	1992.12.—	41	○		
1953	1973.10.07	20	○		
1948	1990.03.13	42	所換	○	高島屋デパートより
1949	2006.07.24	57	○		
1950	1974.07.06	24		○	
1952	———		○ ○		世界動物博へ

No	来園年月日	施設名	愛称	オス	メス	搬出国
29	1950.09.01	甲子園阪神パーク	キク子		○	タイ
	2003.04.11	市原ぞうの国				
30	1950.09.10	別府ワンダーラクテンチ	太郎	○		不明
	1954.10.01	池田動物園				
	1957.12.16	神戸市立王子動物園				
31	1950.09.28	神戸市立王子動物園	すわ子		○	不明
32	1950.08.—	東京都恩賜上野動物園	ウメ子		○	インド
	1950.09.29	小田原動物園				
33	1950.11.01	到津の森公園	タイコ		○	タイ
34	1950.—.—	浜松市動物園	初代花子		○	タイ
	1957.03.29	みさき公園	ハマ子			
35	1951.04.19	横浜市立野毛山動物園	ハマコ		○	インド
36	1951.05.26	東京都恩賜上野動物園	ジャンボ		○	タイ
37	1951.06.20	熊本市動植物園	ブー子		○	タイ
	1953.08.21	動物商				
	1953.08.22	福岡市動物園				
38	1951.07.18	鹿児島市平川動物公園	タイ子		○	タイ
39	1951.07.18	鹿児島市平川動物公園	ドム	○		タイ
40	1951.09.20	熊本市動植物園		○		インド
41	1951.10.01	あやめ池遊園地動物園	アヤ		○	不明
	1961.—.—	動物商				
42	1951.11.21	姫路市立動物園	姫子		○	タイ
43	1951.12.17	名古屋市東山動植物園	和代		○	不明
44	1951.—.—	栗林公園動物園	花子		○	不明
45	1952.04.05	栗林公園動物園	高子		○	不明
46	1952.05.10	京都市動物園	ルパヒ		○	不明
47	1952.—.—	高知市立動物園	南海子		○	不明
48	1953.07.15	札幌市円山動物園	花子		○	不明
49	1954.03.20	三島市立公園楽寿園	ふじ子		○	インド
50	1954.03.—	豊橋総合動植物公園	豊子		○	インド
51	1954.05.25	東京都恩賜上野動物園	高子		○	インド
	1958.04.28	東京都多摩動物公園				
52	1954.07.10	甲子園阪神パーク	アキ子		○	タイ
	2003.04.11	市原ぞうの国				
53	1954.09.07	愛媛県立道後動物園	愛子		○	タイ
54	1954.09.30	別府ワンダーラクテンチ	花子		○	不明
	1974.04.24	動物商				

出生年(推定)	死亡年	年齢	購入	寄贈	備考（寄贈者他）
1953	1971.01.15	18	○		
1953.11.—		66		○	セイロン・バンダラナイケ首相より
	生存中		所換		
1955	1971.12.12	16	交換		
1953	2004.05.16	51	○		
1953	2004.12.25	51	○		
1953	1980.10.25	27	○		
1957	1987.11.13	30	○		
1956	1958.05.15	2	○		
1954	1969.12.12	15	○		
1947	1994.01.23	47	交換		
1957	1960.05.11	3	○		
1956.06.—	1993.11.08	37	○		
1954	1987.04.13	33	○		
1959	1979.02.04	20	○		
1959			交換		
	———		交換		
1959	1961.01.22	2	○		
1954	1992.06.20	38	○		
1959			○		
	———		交換		ソビエト連邦
1959	1980.02.14	21	○		
1959	1979.03.31	20	○		
1960			預かり		
	———		返却		原田サーカス
1959		40	○		
	1999.07.08		○		
1960	2002.04.17	42	○		
1959	1984.11.09	25	○		
1961.01.15	1964.07.14	3	○		
1953	2012.07.27	59	出陳		1966.11.30 堺市より
1955	2017.04.04	62		○	神奈川県樋口動物園より
1961	生存中	58	○		
1963	1993.04.24	30		○	丸栄デパートより
1963.11.—	2002.10.25	39		○	皇太子殿下より

No	来園年月日	施設名	愛称	オス	メス	搬出国
55	1954.12.18	福岡市動物園	ラン子		○	不明
56	1956.11.09	東京都恩賜上野動物園	アヌラ	○		セイロン
	1958.04.28	東京都多摩動物公園				
57	1956.11.30	浜松市動物園	2代目浜子		○	不明
58	1957.03.26	みさき公園	イズミ		○	タイ
59	1957.03.26	みさき公園	ミドリ		○	タイ
60	1957.03.28	大牟田市動物園	花子		○	不明
61	1957.08.19	横浜市立野毛山動物園	マリコ		○	タイ
62	1957.11.01	とくしま動物園	タミー		○	不明
63	1957.11.29	名古屋市東山動植物園	メリー		○	インド
64	1957.12.16	神戸市立王子動物園	太郎	○		不明
65	1958.06.29	とくしま動物園	徳子		○	不明
66	1958.11.14	東京都多摩動物公園	ガチャコ		○	カンボジア
67	1958.11.25	日立市かみね動物園	みね子		○	カンボジア
68	1960.03.26	周南市徳山動物園	徳子		○	不明
69	1960.04.13	京都市動物園			○	不明
	1966.09.07	動物商				
70	1960.07.10	伊豆シャボテン公園	シャボコ		○	タイ
71	1960.09.01	とくしま動物園	花子		○	不明
72	1960.09.18	周南市徳山動物園	花子		○	不明
	1968.08.27	キエフ動物園				
73	1960.09.28	鹿児島市平川動物公園	カン子		○	カンボジア
74	1961.05.04	熊本市動植物園	花子		○	インド
75	1961.05.23	別府ワンダーラクテンチ			○	不明
	1962.06.04	動物商				
76	1961.06.20	伊豆シャボテン公園	リリー		○	タイ
	1961.07.02	動物商				
	1961.07.10	札幌市円山動物園				
77	1961.06.23	あやめ池遊園地動物園	ハナ		○	不明
78	1961.06.24	伊豆シャボテン公園	ジャンボー		○	インド
79	1962.06.11	小諸市動物園	タイ子		○	タイ
80	1963.10.23	仙台市八木山動物公園	トシコ		○	不明
81	1964.04.22	桐生が岡動物園	イズミ		○	タイ
82	1964.04.27	おびひろ動物園	ナナ		○	インド
83	1964.06.14	名古屋市東山動植物園	エーコ		○	不明
84	1965.04.16	東京都恩賜上野動物園	メナム	○		タイ

出生年（推定）	死亡年	年齢	購入	寄贈	備考（寄贈者他）
1962	1986.11.27	24	○		
1964				○	毎日新聞社より
	———				
1965	1994.01.22	29	○		
1965			交換		
	———		○		木暮サーカス
1966	2010.09.08	44	○		
1966	1971.12.—	5	○		
1940	1996.04.02	56	○		
1966	生存中	53	○		
1969	2018.01.25	49		○	インド政府より
1964	1978.01.05	14	○		
1969.04.25	生存中	50		○	インド・マイソール州より
1970			○		
	———		○		
1968	1971.11.26	3	○		
1970	1971.05.05	1	預かり		
1970	1972.09.26	2	○		象印マホービンより
1970	1972.11.18	2	○		

アジアゾウ国内血統登録第26回調査一覧表より作成

No	来園年月日	施設名	愛称	オス	メス	搬出国
85	1965.05.27	小諸市動物園	タイ子		○	インド
86	1965.08.04	宝塚ファミリーランド	サクラ		○	不明
	2003.05.20	韓国ソウル大公園				
87	1966.04.15	宝塚ファミリーランド	フジ	○		不明
88	1966.09.07	京都市動物園	嵯峨		○	タイ
	1975.06.11	動物商				
89	1967.03.30	仙台市八木山動物公園	ヨシコ		○	タイ
90	1967.07.22	佐世保市亜熱帯動植物園	岳子		○	不明
91	1968.06.29	旭川市旭山動物園	アサコ		○	不明
92	1969.06.13	静岡市立日本平動物園	ダンボ		○	不明
93	1970.05.03	天王寺動物園	ラニー博子		○	インド
94	1970.05.25	旭川市旭山動物園	タロ	○		不明
95	1970.06.11	静岡市立日本平動物園	シャンティー		○	インド
96	1970.10.25	宮崎市フェニックス自然動物園	パクⅠ	○		タイ
	1972.07.11	動物商				
97	1970.12.06	名古屋市東山動植物園	セラム		○	不明
98	1971.04.24	宮崎市フェニックス自然動物園			○	タイ
99	1971.05.29	あやめ池遊園地動物園	太郎	○		不明
100	1971.05.30	みさき公園	ミサ子		○	タイ

＊生年月日が推定（月日が不明）の場合は死亡年齢も推定。

〈コラム③〉 動物園で働くということ（海外編）

海外の動物園の募集に応募する際にはある程度の教育レベルも重要で、これは体力よりもはるかに重視される。ほとんどの動物園では、学位を持っていることを応募の条件としている。職員には知性が要求され、社会人としてのマナーや信用、誠実さ、チームの一員として進んで働くことが望まれる。

また応募者は、雇用主について調べ、雇用主が誰でどのような能力があるのか、職員のことを考えているか、保険に入っているか、過去の実績はよいかなどを事前に知っておくべきである。これは基本的な労働基準であり、また雇用される側も大人として行動することが期待される。

優良な動物園にはウェブサイトがあるので、あらゆる部署の求人情報が閲覧できる。大学生なら、動物園でアルバイトをして顔を知ってもらうといいだろう。動物園側がアルバイトの仕事をちゃんと行っていると判断すれば、フルタイムの仕事への道を半分進んだことになる。最初は園内のレストランでハンバーガーの肉を焼いていた若者が、レストランの上司にその仕事ぶりを高く評価され、飼育部門の担当者にそれが伝わり、いちばんの採用候補になったという例をたくさん知っている。率先してほかの職員を手伝ったり、大変な仕事でも自主的に行ったりしていれば、言われるまで動かない怠け者よりは記憶に残るだろう。いい印象を残せば、多くの人に思い出してもらえるものだ。

〈コラム④〉 ゾウの飼育係を目指すなら

ゾウの飼育係の場合は、ゾウに関するすべてのものが重く、餌を運んだり、残った餌を掃除したりと力がいるため、体力があると有利である。ゾウ飼育はチームワークが基本なので、協調性が求められる。協力しなければ1日の仕事を終えることはできないし、ゾウのような危険な動物の近くで作業をする際には、誰かがそばにいることが重要である。ゾウ飼育係はたいてい二人一組で動く。施錠されているかどうか二人で2回確認し、飼育の作業手順に従う。最新のゾウ飼育プログラムには作業手順書があり、飼育係は熟知する必要がある。

もし将来ゾウの飼育係になりたいと考えるなら、

・準間接飼育用の新しい施設のある近代的な職場環境かどうか。

・準間接飼育について訓練を受けたレベルの高い飼育係がいるかどうか。
・ゾウの飼育管理について、動物園や管理職に一貫した理念（ゾウの健康をいい状態に保ち、飼育係の安全を第一に考える）があるかどうか。
・ゾウの将来を考えた管理方法に関する最新のワークショップやセミナーへの参加など、飼育係のための教育プログラムが充実しているかどうか。
以上の四つの点について注意するべきだ。

どんな方法であってもゾウの飼育には危険があり、その危険に対する対策を十分に立てている動物園の数は、そうではない動物園よりもずっと少ない。就職試験の面接ではゾウに対してどのようなケアができているのか、飼育係の安全対策がどのようになっているのか、ゾウの飼育についてどのような配慮をしているのかを質問してほしい。ゾウのいるエリアに入る直接飼育をしていないこともちゃんと確認してほしい。動物園のやり方に流されて、後悔することのないようにしてほしい。

第三章　ゾウの飼育法が変わってきた

日本の動物園の多くは園全体の面積が狭く、ゾウ舎に割り当てる敷地も狭い。また格別頑丈なつくりのゾウ舎は、一度建築したら20～30年間はその建物を使っているのが実情だ。2010（平成22）年以降になると、各地でゾウ舎の改築や新設をしているが、その費用は新築では20～30億円が必要である。新築は無理だから、改修をして飼育係にもゾウにも最適な飼育法を実施するための防護柵をつくろうと計画しても、狭すぎてスペースさえままならない。それに小規模な動物園や私立の動物園では、強固な防護柵を設置するだけでも、巨額な改修費用を右から左に容易に捻出できないのも現実だ。このように最適な飼育法を行おうとすると、体が大きく力の強いゾウ特有の問題が立ちふさがる。

この章では、私のゾウ飼育に対する考え方を一変させた、欧米が取り入れている飼育法について紹介する。その飼育法とは、アラン・ルークロフトがアメリカで生み出した準間接飼育（プロテクテッド・コンタクト）である。

欧米でのゾウの飼育法は準間接飼育に移行し始めている。そして1頭しか飼っていないとか、メスしか飼っていないとか、繁殖の見込みがない動物園ではゾウの飼育を断念し、ゾウの繁殖が可能で受け入れ施設のある動物園にゾウを搬出している。これはあまり一般には知られていないことではあるが、動物園の飼育の考え方そのものが大きな転換点にあることの一つの象徴でもあると考える。

そこでまず、どのように準間接飼育法が確立されたのかをアランの言葉を借りながら紹介しよう。

ヒントはシャチの飼育法

1980年代後半から1990年代前半、前述した日本の事情に並ぶように実は世界中どの動物園でもゾウ飼育の経験が不足していた。そのため、ゾウ飼育係の仕事は危険なもので、毎年どこかの動物園で一人ずつゾウ飼育係はゾウの事故で死亡していた。

1990年代、アメリカで最も危険な職業の第1位は戦闘機F16のパイロット、第2位は動物園のゾウ飼育係だと言われた。なぜこのように言われていたのだろう。〝危険〟ということでは一見同じカテゴリーだが、戦闘機のパイロットは航空機の危険性を承知のうえで、そのような場で働くための高度な訓練を受けていたのに対し、ゾウ飼育係は飼育法に伴う大きな危険性に対応できるレベルの訓練を受けていないどころか、危険性があることさえ知らずに、仕事をしていたからではないか。そこに大きな違いがある。

当時、アメリカでゾウを飼育している動物園は72か所あった。これらの動物園は、動物園の指導的機関であるアメリカ動物園水族館協会（Association of Zoos and Aquariums：AZA）の会員であったが、AZAにはゾウ飼育のガイドラインはなかった。その後ほどなくして、AZAは委員会を設置して、現場で働くゾウ飼育係の安全を確保するためのガイドラインの作成を始める。

このガイドラインは日本と同様、使役ゾウの飼育法である直接飼育を念頭に作成・実施されたものだった。しかも〝最低基準〟とされたこのガイドラインには欠けている部分が多く、ときに気分の変わりやすい大型草食動物であるゾウを扱う経験や知識が不足している飼育係を、守ることはできなかった。

直接飼育では、飼育係がゾウと同じ空間に身を置くため、ガイドラインに示されている細心の配慮をした手順に従っても危険性はあった。すべての飼育係が飼育に必要なことを覚えさせるゾウのトレーニングができるわけではないし、臨機応変さが要求されるゾウのトレーニングに必要な素質、知力、体力がすべての飼育係に備わっているわけでもない。そのため、飼育係の死亡事故は続くのだ。

また、直接飼育では、飼育係がゾウより優位でなければならないため、手鉤《てかぎ》（写真左・科学的トレーニング用語では回避ツール）とよばれる先端にとがった金属のついた棒を常時持ち歩き、ゾウを動かすために使った。ゾウはとがった鉤を避けようとするとき、足を上げる。これはゾウにとって難しい動作ではない。ただ手鉤の先端にあたると痛いからゾウはそれを避けているだけのことである。しかしどんなトレーニング法であっても動物に痛みを与えることは、来園者に対する教育上も望ましくない。それが絶滅に瀕《ひん》した種に対してであればなおのことである。

ゾウを飼育するにあたり、ゾウが自由に行動でき、十分な世話もされ、飼育係が確実に守られるしくみが必要だった。そのためには、動物園はまったく新しいゾウの飼育法を考えなければならなかった。

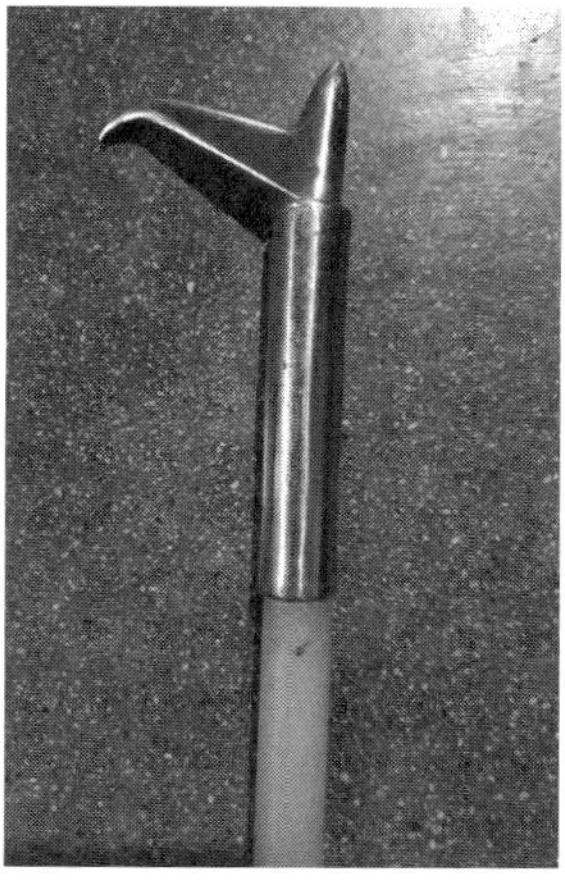
手鉤

なお、アメリカのカリフォルニア州では2016年8月に、2018年1月から手鉤の使用を禁止する法律が承認された。これまで過去数年の間にゾウの扱いに関するいくつかの法案が出された。そのうちの一つはトレーニングでの electric prod（電流でショックを与えて家畜を移動させる棒）の使用を禁止するというものがあった。また、動物園におけるゾウの飼育については多くの懸念があり、ドイツでは新しくゾウ舎を建設する場合は冬季用に砂を入れた広い放飼場《ほうしじょう》を用意してゾウの群れが快適に過ごせるようにしなければならないということが法律に組み込まれた。ベースとなった主な情報源はＡＺＡ（アメリカ動物園水族館協会）とＥＡＺＡ（ヨーロッパ動物園水族館協会）の基準である。

当時、アメリカの動物園では、飼育係がゾウをコントロールできずに放飼場の中へ入るとけがをする恐れがあると判断した場合には、直接飼育をせず、柵越しに餌を投げ入れるだけの場合もあったという。ゾウの健康を維持するためには、毎日の飼育管理や医療が、ほかの動物と同じように必要なことなのに、このような間接飼育法ではなにもしていないに等しく、ゾウにとって最適とはいえない。

そんな中、アランが動物園のゾウの準間接飼育を思いついたのは、カリフォルニア州のサンディエゴ・ワイルドアニマルパークの海獣トレーナーであるティム・デズモンド氏と、シャチのトレーニングについて話をしていたときだったという（詳しくは後述する）。シャチはご存じの通り、大概イルカよりも大型で知能も高く、どう猛な海獣である。そのシャチの飼育をどのようにやっているかというのは、大変興味深いものであった。そして、水族館でのシャチのトレーニングはとても理にかなったものであった。トレーニングを通してよく訓練されたシャチであれば、トレーナーはシャチに触れることができた。アランは「シャチにとって快適ではない処置をするときでも、トレーナーとシャチが協力できるのか」を見たくなったそうだ。シャチはとても頭のいい動物で、群れを形成し広い海の中でも互いに聞こえる声でコミュニケーションすることが知られている。このシャチのトレーニング法をゾウに使うことができるのではないかとアランは考えた。

彼はアメリカで海獣トレーナーのティムと知り合うまでにいったいどんな経験をしてきたのだろう。

アラン・ルークロフトの経験

初めての勤務先、チェスター動物園（イギリス）

イギリスに生まれたアランは子どもの頃、家に小さな温室をつくり爬虫類《はちゅうるい》や魚を飼育し世話をすることが日課だった父親の影響で、自然や動物に対する興味がわいたのだという。

アランが初めて動物園でゾウの飼育に携わったのは、イギリスのチェスター動物園だった。この動物園の創設者（ジョージ・ソール・モッターズヘッド）は、規律や健康管理にはうるさい人だった。そして、ゾウが大好きな人だったという。

チェスター動物園の創設者は初めて檻《おり》のない動物園を実践した人物である。チェスター動

上の写真は1961年にチェスター動物園に新しくできた広大な放飼場。前方にアフリカゾウ２頭、後方にアジアゾウ１頭が見える。比較として下の写真は1971年のフランス・パリの私設動物園で飼育されていたオスのアジアゾウである。この２枚の写真から、動物園でのゾウの飼育に対する考え方の差を見ることができる。

物園の放飼場は広く開放的で、ゾウたちは24時間いつでも歩き回ることができ、ゾウが仲間同士で触れ合うことができる。1960年代初期における、この先進的な試みはそれまでの動物園の常識に大きな疑問を投げかけるもので、動物園の動物展示についての考え方に多大な影響を与えていた。

ある日、モッターズヘッド氏が、スリランカ(当時セイロンと呼ばれていた)のデヒワラ動物園へ行ってはどうかとアランに提案する。1969年のことである。当時スリランカは国家独立の運動がさかんになりつつあり、それまでのイギリスによる支配から抜け出そうとしていた。旧首都コロンボにあった当時のデヒワラ動物園で、アランは数か月間、セイロン式ゾウの飼育法を学ぶこととなった。このことが、アランの人生をよい方向へ進めるきっかけとなったと彼はいう。

デヒワラ動物園では、ゾウ使いたちから多くのことを学んだが、当時のアランはまだ20歳と若く、チェスター動物園へ戻ると、もっと知識を深めたくなり、ほかにゾウの飼育管理を学べる場所はないかと探し始めた。

そして1970年代前半に、ハンブルク市のハーゲンベック動物園から、ゾウの飼育係と

スリランカ滞在中に世話をしていたおとなしいゾウのラニス（左上）。動物園のゾウ使いのリーダー、ダナパラは、マンチェスターのベル・ビュー動物園で会ったゾウ使い、サイモン・ペレイラの兄弟。ベル・ビュー動物園には幼い頃から父と行っていたので、サイモンのことは昔から知っている（右上）。デヒワラ動物園のゾウ３種で、マルミミゾウ、サバンナゾウ、アジアゾウである（下）。

して働かないかと誘われたのである。

転機をもたらしたハーゲンベック動物園（ドイツ）

ハーゲンベック動物園のあるドイツに行くことは、当時、イギリスで第二次世界大戦を体験した彼の祖母にとっては考えられないことのようだったが、アランの人生にとって得がたい数々の経験や学びをもたらした。彼は「私は観察して実際にやってみるという方法でずっと学んできた。仕事を通じてさまざまな文化を知り、知識を深め、人と協調する能力を高めていった。私は働かなければなにも所有できない労働者階級に生まれたため、若い頃から社会に出て体験することが自分の教育であった。故郷では高度な教育とはほとんど縁がなかったが、1970年代にドイツへ渡ったことが私の視野をぐっと広げ、より良い生き方というものを考えられるようになった」と話す。

ハーゲンベック動物園でアランの指導に当たったのは、当時、最も優れたゾウのトレーナー、カール・コック氏だった。この頃も直接飼育で、人はゾウと同じエリアに入っていた。当時は直接飼育がゾウにとって、最もよい飼育方法と考えられていたのだ。直接飼育ではゾウに必要なことがすべてできたからだ。
カールは、ゾウを深く理解していて、まるでゾウが何を考えているかがわかるような人だとアランは感じた。アランと出会ったときのカールは、アジアのゾウ使いのようにゾウをよく理解していたそうだが、実際彼がトレーナーとしての能力を身につけ、情熱を持って力を発揮するようになるまでには、長い年月を必要としたことだろうとアランは言う。カールの方針は、「すべてのゾウを清潔に保ち、ゾウを常に満足させなければならない」ということだった。飼育しているゾウに対して必要なことをすべてする。これは大変な仕事だったが、どこの動物園であっても正しいことをしなければならないというアランの強い気持ちは、このときに生まれた。

アランは11年にわたりハーゲンベック動物園で学んだ。こ

当時のハーゲンベック動物園

の期間が人生の中で最もゾウについての知識を得た年月であった、と彼は言う。

ドイツは、アランの家族にとっては敵国だったが、自分が実際その国で仕事をするようになると、その国の人々のことや文化について学ぶことも、必要になったという。でもこれがゾウとどう関係するのだろう。

文化を深く学ぶうちに、人間としての根本的な部分に行き着く。

イギリス、スリランカ、ドイツ、のちにアメリカという国で働きながら、彼は原始的文化の象徴であり、地球上の生命体の一つであるゾウの存在価値を学び、ゾウの生活を改善することを目指すようになった。ゾウの扱いは、自分が生まれたイギリスでも、働いたそのほかの国でもひどいものだったと彼は回想する。

ハンブルクに長年住むうちに、友人や未来の家族、家族同然の人々に出会い、そこは故郷のようになり離れがたかったが、ドイツでの契約期間が終わりに近づいたとき、新しい挑戦をしたくなった。そこで今度は再び英語圏に行こうと考え、アメリカでの仕事を探し始めた。ハーゲンベック動物園で学んだことを実践できる飼育プログラムを自分でつくって実践するために。

新天地、サンディエゴ・ワイルドアニマルパーク（アメリカ）

アランがアメリカで最初に働いたのは、カリフォルニア州にあるサンディエゴ・ワイルドアニマルパークだった。現在はサンディエゴ動物園サファリパークと呼ばれている。サンディエゴに到着した第一日目から生活と働き方は大きく変わった。

ハンブルクでゾウのショーとゾウに人を乗せる仕事を担当していた経験があったので雇われたのだが、ゾウの繁殖に興味があることも必要とされていた。

ワイルドアニマルパークにはアジアゾウ8頭とアフリカゾウ10頭がいた。後に、大規模な仕事の一環で携わることになった市の中心部のサンディエゴ動物園には、5頭のゾウがいた。ワイルドアニマルパークでの仕事はわくわくすることが多く、ゾウに関わる者なら誰でもやってみたいと思うこと、つまり自分の知識と経験に基づくオリジナルの飼育プログラムをつくって実施するということがすべてできたという。母国語の英語を使えたのも大きかったが、ハンブルクで学んだことを実践できた。

しかし実はこのとき、アメリカの動物園のゾウの飼育環境にはいい印象を持てなかったという。トレーニング法やゾウの扱い方が進歩しておらず、飼育係の性格もゾウの扱い方もカウボーイ式とでもいうか、荒くてきちんと教育がされていなかったそうだ。ゾウに必要なことがほとんどされておらず、ゾウのためというよりも、人間の都合で飼育係は動いていた。ハーゲンベック動物園で働いていた頃とはまったく別物だった。飼育係の指示でゾウはショーに出たり、人を乗せたりする。そういう意味では確かに飼育係の目は届きやすい。しかしずっと健康を維持させるためには、ゾウには十分なケアをしなければならない。数十年前までのアジアのゾウ使いたちがどんなだったかを思い出してほしい。彼らは、ゾウが生きるために必要なあらゆるものを提供していた。

アランの仕事は飼育係を教育し直して、ゾウに対する見方を変え、ゾウを物のように扱うことをやめさせることだった。

アメリカに着いたとき、ゾウの飼育管理や医療に関するアランの技術は非常に高く、何でもできた。ワイルドアニマルパークでは、ゾウを生き物として尊重し、貴重な財産としてできる限りのケアができるように、飼育係のレベルを上げることが必要だった。

高度な文明社会に生きていると、時代の変化に合わせて、自分や周囲の人がやりやすいように、向上していけるように、これまでのやり方を変える必要が出てくる。

アメリカで、カウボーイが牛を扱うように、飼育係がゾウを手荒く扱っていたとしても、誰かがそれに気づくか、飼育係が捕まるようなことでもなければ、ゾウに対する手荒な扱いは永遠に続いただろう。アランはそんな飼育法よりもずっと穏やかな飼育管理法を、アメリカの動物園に取り入れた。来園者を喜ばせるために、ゾウにショーをさせたり、ゾウに人を乗せたりしながらも……。

一方で、動物の扱い方について常に不満を持っている人々もいた。動物愛護を重視する人々だ。「動物園や農場を閉鎖すべき」「革の靴やベルトは廃止すべき」という意見の人々もいた。動物園は社会に開かれ、役割を持った存在として、さまざまな人の意見を聞き、時代の流れに沿うべきだが、それと同時に動物や生態系の保全という使命を果たさなければならない。しかし、これはたやすい仕事ではない。

アメリカに到着したときのアランには、ゾウのトレーナーおよび管理者としての能力はあったものの、時代の流れと共に複雑に変化する動物園という大きなジグソーパズルの中では、それはまだ一つのピースでしかなかった。

サンディエゴ・ワイルドアニマルパークに到着したときから彼の長い旅が始まったようだ。しかし、その後長年にわたり新しい道を切り開きながら、高水準のゾウ飼育管理法をつくり上げることになると、このときは思ってもいなかったそうだ。

「ドゥンダのトレーニングのやり直し」事件

当時、市民から大きな抗議を受け、彼の人生を変え、その後も忘れられなくなった出来事があるとアランは言う。その出来事とは「ドゥンダのトレーニングのやり直し」という事件だった。ドゥンダというのは、近くにあるサンディエゴ動物園にいた20歳のアフリカゾウのメスで、飼育係の手に負えなくなっていた。

ある日、サンディエゴ動物園の担当課長が、このドゥンダを関連施設であるワイルドアニマルパークで引き取ってくれないかと頼んできたそうだ。調べてみると、ドゥンダはもともと何年も前にジンバブエからワイルドアニマルパークに来たゾウの1頭だったことがわかった。だが、ワイルドアニマルパークになかなかうまく適応できず、サンディエゴ動物園に送られたのだった。そのドゥンダを再び、ワイルドアニマルパークで受け入れることになった。たしか1988年2月16日のことだったと思う、と彼は回想する。ドゥンダをクレート(輸送箱)に入れ、サンディエゴ動物園からワイルドアニマルパークへはゆっくりと輸送したが、クレートの中で暴れたため、額をすりむき、到着したときには皮膚がめくれていた。

ドゥンダは動物園で扱いきれなくなったゾウの典型的な例である。つまり、ほかのゾウが受けているような基本的なトレーニングを受けていなかったのだ。基本的なトレーニングとは、人や飼育係がいるときにどうふるまうべきかという決められた行動を教えることだ。ゾウがまだ小さい頃から教え始めるのが望ましく、若いゾウがストレスや恐怖を感じないようやさしく触れることから始める。ドゥンダほど大きくなってしまうとやさしく触れることも難しくなり、以前いたサンディエゴ動物園の飼育係はこのようなトレーニングの経験がなかったため、ワイルドアニマルパークへ移されたのである。

ワイルドアニマルパークへ着いた翌週から、トレーニングのやり直しを始めた。日中の短時間、ニタとキャロルという名の信頼できる先住の2頭のメスのアジアゾウを連れてきて、ドゥンダの両脇に立たせ、ドゥンダに必要なケアをすると同時に、人の手でさわられることに慣れさせた。これがワイルドアニマルパーク方式だった。ニタはロープまたは自分の頭部を使ってほかのゾウの動きを抑えるように教えられていた。このような役割をするゾウのことをアジアの国では「クーンキー」（オスの野生ゾウをおびき寄せたり訓練したりするためにインドなどで用いられる訓練されたメスのゾウ。英語ではanchor elephant〔錨《いかり》となるゾウ〕）といわれている。アランはニタとキャロルにトレーニングの手伝いができるよう訓練していたので、2頭は自分たちがすべきことをよく理解していた。この2頭がとても経験豊富だったので、ドゥンダは人が周りにいることにどんどん慣れていった。

順調にトレーニングが進む中、サンディエゴ動物園でドゥンダを担当していた飼育係が、ワイルドアニマルパークへやってきた日のことだ。その飼育係を見つけたドゥンダは、目にも止まらぬ速さで、鼻を振り上げて柵の間から攻撃しようと飼育係めがけて突進してきた。アランは実際に見ていなかったので、これはあとから人に聞いた話である。

ドゥンダはこのとき、両方の牙を柵にぶつけて折ってしまった。ドゥンダを落ち着かせ信頼を得るために、ニタとキャロルという体格の大きなゾウを使っていたが、折れて先のとがった牙のドゥンダの両隣に、この2頭を立たせるわけにはいかない。とがった牙で2頭がけがをするかもしれないからだ。完璧にうまくいっていたトレーニングは、振り出しに戻ってしまった。

まったく異なる方法で、最初からやり直さなければならない。まず、ゾウに「していいこととといけないこと」を厳しく教える。それはポピュラーな直接飼育法だ。できれば使いたくはなかったが、ドゥンダをコントロールするにはもうこれしかなかった。ただし厳しくするのは最小限にして、ゾウとの信頼関係を築かなければならない。ゾウが攻撃的なそぶりを見せたら、トレーナーはそれを叱る。このような方法はほかの動物にも行われているので、特別ゾウに厳しいわけではない。ラクダの鼻に鎖を通したり、くさびを打ったりすること、馬の歯茎に鎖をかけること、鞭《むち》や拍車も動物を人間の指示に従わせるための道具なのである。このようにして、ドゥンダの生活を改善しながら飼育係の安全を確保した。

動物園の運営上やむを得ずとった手段だったが、動物園が優れた保全、教育、レクリエーションの場となっているこの時代に、ゾウを叱ってしつけることは正しいのか。疑問は残った。現代に生きる私たちの答えはノーでなければならない。

このような事情があったにもかかわらず、「叩《たた》かれるドゥンダ」という新聞の見出しが国内や他国の人々の目にとまり、サンディエゴ動物園協会は頭を悩ませることとなった。折しも動物愛護とか共生が重いテーマとして語られるようになってきた頃である。虐待ではないかという批判の声は大きくなり、協会の上層部もどうしたらいいのかわからずにいた。

これまでワイルドアニマルパークは絶滅の危機にある動物を、本来の生息地に復帰させるなど、ほかの動物ではすばらしい実績をあげていた。それなのにどうしてこんなに批判されることになったのだろうか。協会は岐路に立たされた。

新聞やテレビが、この話題を数か月にわたって取り上げる中、カリフォルニア州議会の上院議員が介入して、サンディエゴ動物園とワイルドアニマルパークに詳しい事情を問いただした。その結果、間違ったことは行われておらず、ゾウに「していいことといけないこと」

を教えていただけということをわかってもらえた。動物園協会側は最初から隠すことは何もない、すべてはゾウの生活を改善するために行っただけだと訴えていた。

動物福祉を第一に考えるゾウ飼育のプロだったアランがゾウに対して行うトレーニングはすべて、ゾウに幸せな生活を送らせるためのものだった。これはアランがヨーロッパで学んだことだ。ゾウの幸せのために行うトレーニングに反対する人がいるとは想像できなかった。ある晩、動物解放戦線という動物の権利のために過激な行動をする組織が、彼の自宅にやってきて、車に希硫酸をかけて壊す事件もあった。

一体全体何が起こったのだろう。

人々の批判の最中《さなか》、アラン自身が抗議の手紙や電話を受け取るだけでなく、自分の子どもたちまでもが動物保護団体からの電話で「父親がゾウを叩いていることを知っているか」と言われたことがきっかけで、アランは自分の考え方が変わったと言う。

直接飼育は、一般的な感覚に照らせば、受け入れがたい虐待と見まごうがごとき方法なのだと再認識せざるを得なかった。ゾウも人も納得する飼育方法を確立させなくてはならない。

トレーニングは芸術的な行為ともいえる。人の手に負えない動物の行動を変え、動物の尊厳を取り戻す方法でもある。ギブ・アンド・テイクという計算された手法で動物の行動を形成していくのである。決して虐待ではなく、動物が尊厳を持って幸せに暮らせるようにするための方法である。同じ地域には、オリンピック級の馬場馬術競技や障害飛越のできる優れた馬の調教師が数人いて、その人たちから、よりすばらしい演技や飛越のために厳しい調教をすることもあると聞いていた。

そのような状況下で、サンディエゴ動物園の担当課長から、このままだと人を殺してしまうかもしれないゾウのトレーニングをやり直し、ちゃんと扱えるようにしてもらえないかと依頼があったときに、将来このような批判を受けることになると知っていたら、引き受けるのをためらっただろう。ヨーロッパでトレーニング方法を学びアメリカにやってきて、動物園で手に負えなくなったゾウのトレーニングを引き受けて、飼育係が必要なケアをできるようにするノウハウがあった。それなのに人々はそれを認めない。アランはこれからどうしたらいいのかと途方にくれた。

こんな経験をしたアランが行き着いたのが準間接飼育である。「していいこととといけないこと」を厳しく教えるのではなく、正しいことをした場合にほめてその行動を定着させ、しかもゾウが人間を信頼し、自分の意思で進んで行動するようになる方法である。

準間接飼育へ、挑戦の始まり

準間接飼育を誰がいつどこで始めたかについては、さまざまな説がある。少なくとも準間接飼育が始まった頃から、アランはその現場にいて、これからもずっとトレーナーとして現場にいるだろうと彼は言う。

その当時、ワイルドアニマルパークには、チコという名の大人のオスのアフリカゾウとランチプールという名の大人のオスのアジアゾウがいたが、どちらも最低限のケアしか受けていなかった。チコの部屋には、飼育係が入っていけず、何もケアされていない状態だった。でも、この2頭のオスゾウには、直ちにケアをすることが必要だったのはいうまでもない。

そんなある日、ワイルドアニマルパークの飼育係の休憩所で昼食をとっていたときのことだ。アランは前出の海獣トレーナー、ティム・デズモンド氏と出会う。お互いに自己紹介をし、アランは彼に世界中のゾウの飼育方法を変えるつもりだと話した。

ティムは、かつてロサンゼルスのマリンランド（Los Angeles Marineland）で、海獣の中でも危険なシャチのオーキーとコーキーの飼育を担当していた。

アランは彼に出会う前に、サンディエゴのシーワールドには何度も行っていて、シャチのトレーニングは見たことがあった。飼育や医療に必要な処置をするために、人間がさわりやすいように体の一部を見せることをシャチに教えるのだが、それはとてもよく考えられたトレーニングだった。例えばシャチに、プールの端で仰向けになり、自主的に胸びれを差し出すように教え、獣医師は胸びれの静脈から採血をする。シャチはゾウのように賢く脳も複雑であり、個体間でも群れの中でもコミュニケーションができ、餌の豊富な場所や危険な場所の情報を、代々受け継ぐことができるので、飼育するうえで必要な行動を教えることが可能だし、有効なのだ。ただ残念ながら、ゾウと同じように長い年月の間、閉じ込めておける動物ではなく、そんなことをすれば本来の能力が低下し、退屈しすぎて攻撃性が高まる場合もある。

アランはティムと、ゾウに対して何ができるか、シャチがするように複雑な行動をとることを教えられるのか、それとも飼育に必要な簡単な行動しか教えられないのか、話し合った。

そしてまず、オスのアジアゾウ、ランチプールで試してみたが、ほんの少ししかうまくいかなかった。今振り返ると、ランチプールはもっといろいろなことができたのだろうが、トレーニングにふさわしい施設を整えることができていなかったのだ。しかしチコは、施設が整っていなかったにもかかわらず、トレーニングがしやすい個体で、短い期間で前足のケアができるようになった。

1990年代初期にワイルドアニマルパークで初めてゾウに準間接飼育でのトレーニングを行ったときの様子。保護柵の形は初期のもので、足を出す枠が一つあいており、ほうびの餌は柵の上から与えていた。次に考えた保護柵には枠が二つあり、一つは足を出す枠、もう一つはほうびの餌を投げ入れるためのものだった。
ティムとアランがチコに足の手入れをする間、じっとしているようにトレーニングしている（左上）。アランがチコの足を洗っている（右上）。ティムがチコに餌を与えている間に足の手入れをしている（下）。手入れのために、足を出してじっとしていることを教えるのは、どのゾウでもできる最も簡単なトレーニングで、過去に飼育・調教された経験のあるゾウならば大切なのは立ち位置とタイミングだけである。ゾウを正しい位置に立たせること、適切な施設があること、ゾウにしてほしいことをきちんと伝えること、これができればゾウは足を枠にちゃんとのせる。

アランはティムの助けを得ながら飼育法を試行していたが、ワイルドアニマルパークには、ほかの動物園と同じように動物の行動を研究する部門があった。この部門は飼育動物のトレーニングや条件付けについて特に研究しており、アランがティムと始めたトレーニング法を引き継いだ。

アランとティムがチコで少し成功したことから、すべてのゾウに準間接飼育をすることになる。飼育している頭数が多かったため、まず飼育する数頭を減らし、ゾウ舎を改築しなくても1頭ずつトレーニングするときに、ほかのゾウを小部屋に収容できるようにした。

しばらくは大きな進展はなく、直接飼育においてリーダー役だった人間がいなくなったために、ゾウの間に順位争いが起こった。これは直接飼育から準間接飼育に移行する場合に生じる出来事の一つだと、今ではわかっている。動物園のゾウの間の順位はとても変わりやすい。特に本当の意味での順位が確立していない場合は、変化が起こりやすい。

人間の子どもが学校や集団の中で自分の強みと弱みを学ぶように、ゾウも自分の強みと弱みを遊びながら学ぶ。群れの仲間や兄弟と力試しをし、自分がどのくらい強いかを知る。それが後に、誰が水や餌を先に手に入れるかに影響してくる。ゾウは2歳くらいで動物園に来ることが多いが、それはまだ小さくてクレートに数頭入れることができて運びやすく、トレーニングもしやすいからである。もっと大きくなった野生ゾウは知恵もついているため、動物園に入れる対象にはならない。直接飼育で訓練するのが困難だからだ。

なぜ準間接飼育か

ゾウと人間のかつての関係

先にも述べたが、原産国でゾウは使役動物として人間を助けるように訓練され、あるいは神のようにあがめられていた。しかしその後、ゾウは動物園で飼育されるようになった。世界中のどの国のどんな動物園であっても、人工的環境で飼育されると、ゾウの健康状態は低下することがわかっている。

アジアではかつてはゾウには手に入る最も質のよい食べ物が与えられていた。寺院などではワインが与えられ、専属の飼育係もいた。ところが今やその地位は失われ、使役動物として長期間働くための必要なケアもされず、観光客を乗せてインドの宮殿へ続く険しい坂道を歩かされたり、ケーララ州（インド）の祭りでは足かせをつけられて長時間立ったままでいなければならないなど、ゾウは死ぬまで働かされている。

そんな使役ゾウの飼育管理に関する本には、材木伐採のキャンプで働くゾウのケアの方法やゾウの体や心にストレスをかけ過ぎないようにする方法が記されていた。

例えばゾウ使いがゾウの背に乗って、メスゾウにキャンプ用具や調理器具の運搬をさせるとき、関節や足の健康のために、ゾウには舗装された道路を長時間歩かせないようにしていた。これは長年にわたりゾウを仕事に使った歴史から得られた知恵であり、ゾウの健康を維持するために現地の人々が伝承してきたものだ。しかし現代の動物園やアジア諸国では、もはやこれほどのゾウの健康管理もされていない。

かつてアジアに拠点を置き、材木をビルマ（現ミャンマー）やタイの密林で伐採し、ヨーロッパやアメリカへ輸出していたイギリスの貿易会社は、元軍人やゾウキャンプの運営経験のある人、ならびに精神力のある人々を雇っていた。ゾウをどのように扱い、何を食べさせるかなどの飼育の手引書を書いたのはこのような人々で、その中には、長い夜に火を囲み、ゾウ使いや現地住民と話をして、ゾウに関する知識を学んだキャンプの責任者も含まれていた。

ゾウに関する知識は、ゾウ使いの一族のリーダーから、その息子へと受け継がれ、ゾウの生理機能に関する貴重な知識はごく基本的なものだったかもしれないが、労働寿命の最後まで健康状態を最良に保つことができた。事故による死を除けば、このような材木伐採キャンプのゾウの寿命は、現在の動物園のゾウと同じくらい長く、40〜45歳と記されていて、なかには50歳になるゾウもいた。

記録によると、アジアのゾウキャンプでは55歳で出産したメスゾウも複数いて、当時の飼育管理の水準が高かったことがわかる。こんなことは現在では到底望めない。

オスゾウは過酷な作業を担い、体重7トンもの力強いゾウたちが重い材木を引いたり押したりした。このようなオスゾウたちも、人間の欲によって無理に働かせられることはなく、長く生きることができた。重い材木を動かすために、1日5時間働かせ、仕事が終わると森の中に放す。夜が明けるとゾウ使いは糞《ふん》の後を追ったり、ゾウの食べ物となる種類の木を探したりしながら、前夜森の中に放したゾウを探す。また、ゾウ使いは各自、木製の鈴をつくってゾウにつけていたので、遠くからでも聞こえる独特な音をたよりにゾウを探す。見つけると、まずは川でゾウを洗い、引き具を装着し、もう少しエネルギーが必要なゾウには追加の餌や塩を与える。

ゾウ使いとゾウには、運搬する材木の割当量があった。北部の山岳地帯では、伐採地から川に浮かべて輸送するための集積所まで、ゾウに材木を運搬させた。トラックで輸送する場合には、道路の近くの集積所まで運搬させ、ゾウが材木をトレーラーに積む。ゾウに装着する道具はすべて森林から採取した蔓《つる》や樹皮でつくられていて、材木は運搬に適した長さや形に切られていた。重い材木用の強い引き具として、チェーンだけは森の外から持ち込まれる。金属がなかった時代は、チェーンのかわりに強い蔓が使われていたのだろう。

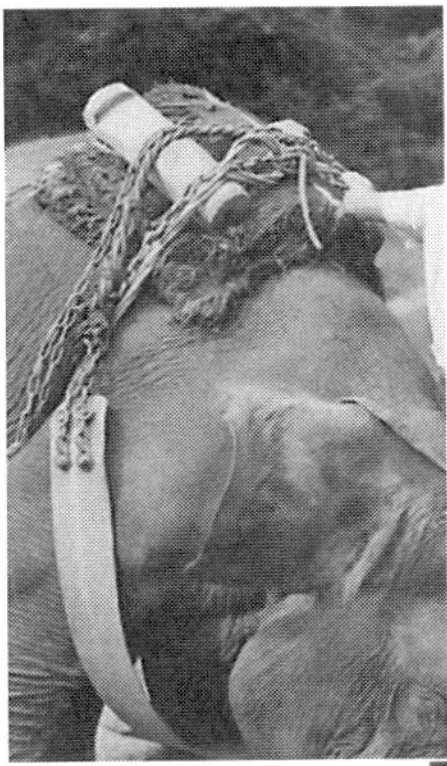

動物園でゾウは幸せか

動物園でゾウを飼育するようになってから300年以上が経つ。

海外の動物園でも最初は市民の好奇心を満たし、子どもを乗せたりする、余暇の娯楽目的で、小さな私立動物園がゾウを飼育していた。見世物としての位置づけが優位なため、残念ながらゾウに科学的な関心が寄せられることはなく、ゾウの複雑な社会行動や能力も研究されなかった。

ゾウは体が大きくまたその群れの構造も複雑なため、動物園ではゾウ舎や放飼場を設計する際には、実はほかのどの動物よりも多くの点に配慮しなければならない。配慮すべき事項が多く対応しきれないため、繁殖はあまり成功しなかった。ゾウを増やすことのできない動物園では、ゾウを絶やさないようにするため、野生の若い個体を新たに入手することになる。ところが、動物園の飼育下のゾウの健康状態は良好とはいえない、そんな状況は現在もなお続いている。

動物園では、アジアゾウに比べてアフリカゾウの方が健康状態は悪化しやすい。それは寒さにある。アフリカゾウは体熱をコントロールするために、皮膚の表面積が大きい。熱を放散し体温を下げるために大きな耳は役に立つ。皮膚を平らにして広げると、ゾウの大きさの2倍になるともいわれている。しかしアフリカゾウのその暑さ対策に長けた体が、冬の冷たいコンクリートの壁と床でできた獣舎では、不利になるばかりである。

また、コンクリートの床の上に長時間立ち続けると、足に障害が起こりやすくなる。足の故障により、死に至ることも多い。そのような状況でも何とか生きていくゾウもいることはいるが、狭くて寒い獣舎で暮らすことは、健康状態を急速に悪化させ、本来の生き方をしないまま死んでしまうこともある。

準間接飼育を取り入れることで何が変わるのか

そもそも、いまのようなゾウ舎の造りになっているのは、直接飼育のしやすさを考えてのことだ。ゾウの福祉より飼育管理を優先させた設計をしてきた。コンクリート造りのゾウ舎を皆さんもご覧になったことがあると思う。

そんな中、準間接飼育をきっかけとして、動物園におけるゾウの飼育管理のしかたはゆっくりと変わり始めている。準間接飼育には飼育係の安全性を確保するという目的の実現が可能なだけでなく、ゾウの生活環境を向上させる可能性も秘めていることに私たちは気づき始めたのだ。

準間接飼育では、まず生物としてのゾウのあり方や、自然生息地の環境を十分に参考にすることができる。自然の中での生物としてのゾウのあり方を参考にしながら、ゾウが一日の大半を過ごす場所を広くし、地面には天然の床材を敷き、天然光を取り込める透明な天井にすれば、ゾウが本来の体内時計にしたがって生活できるようになる。また繁殖に成功したときに、群れの核となる母子の関係に注意を払い、母ゾウが姉妹、おば、兄弟の助けを借りて子育てできる環境を与えるようにもできる。

ゾウが尊厳を持って暮らすなら

直接飼育では、飼育係が群れのリーダーとして、ゾウよりも優位でなければならない。飼育係がゾウのいる放飼場の中に入るということは、けがをする危険性が0から100%になるということなので、0%を維持するために飼育係は必ずその場のリーダーであらねばならない。

しかし、動物園で準間接飼育を採用することにより、ゾウの事故で死亡する飼育係の数は劇的に減った。その理由は簡単だ。飼育係はゾウのいるエリアへは入らず、すべての飼育管理および医療行為を保護柵越しに行えるからである。準間接飼育を行うことは、飼育係の安全確保にも役立つのだ。

動物園の園長にとって、最も辛いのは、飼育係が勤務中に亡くなったとき、そのことを飼育係の両親や家族に伝えることである。準間接飼育では、従うべき手順を明確にし、職場の危険性を排除するので、ゾウ飼育係の作業中の安全が確保され、園長も安心できる。動物園が組織としても信頼されるのだ。

また、飼育係は、動物園でなぜゾウを展示しているのかをいつも意識しておくべきだろう。動物園でゾウを飼育するのは、ゾウとその生息地に何が起こっているのかを、一般市民に認識してもらうためである。動物園のゾウは野生ゾウを代表する大使であり、来園者向けの教育プログラムを手助けしてくれる。また同時に一般市民は、動物園のゾウがきちんと飼育され、尊厳を持って生きているということを知りたいのである。

世界の動物園のごく一部では、昔ながらの直接飼育を今でも行っている一方で、ゾウの原産国ではこれまでの伝統が衰退し、文化的な価値も変化している。ときにゾウに対するひどい仕打ちを目にすることもある。原産国でのゾウは、もはや運搬動物でも人間の役に立つ動物でもなくなり、路上で物乞いをする姿さえ見られている。

現在アメリカでは、アメリカ動物園水族館協会（ＡＺＡ）に加盟している園館に対し、準間接飼育を義務づけている。つまり準間接飼育が加盟の条件になり、直接飼育を続けるなら加盟はできないということだ。ヨーロッパ動物園水族館協会（ＥＡＺＡ）も２０１９年には同様となる予定である。そうなるとおそらく、各国の動物園協会が加盟する世界動物園水族館協会（ＷＡＺＡ）も自動的にそうなるだろう。

アメリカ、ヨーロッパ、日本のいずれにおいても動物園でゾウのケアをするための方法は直接飼育しかないと主張する動物園もある。だが、今後も動物園のゾウ飼育係の死亡事故が続くなら、国が介入して、現在動物園で働いている、またはこれから働くことになる若くて経験の浅い飼育係の安全を確保するための基準を施行したほうがいいとアランはいう。

現代社会では、飼育係であろうと来園者であろうと、動物園で動物とのトラブルで人が死ぬということがあってはならない。死亡事故が起これば、基準違反の多い動物園は閉鎖になるか、国が人を守るための安全基準を作成するだろう。それは動物園以外の職場でも同じであろうが、それでは遅い。そうなる前に行動することが必要である。そのための準間接飼育なのだ。

〈コラム⑤〉 若いゾウ飼育係に望むこと

準間接飼育を指導するアランは、「飼育係として互いに緊密に協力して日常業務を行うことが大切。特にゾウ飼育チームはメンバーの結びつきが強くなければならず、ただ業務をこなすだけでは務まらない」と言う。将来も動物園でゾウを見られるように、若いゾウ飼育係に次のようなことを考え、学んでほしいと思っている。

・ゾウならではの特徴および動物園という環境を前提に、どのように飼育すべきか。
・ゾウが必要とする行動ができるように、天然素材をどのように利用するか。
・ゾウは野生では繁殖できるのに、動物園ではなぜうまくいかないのか。
・動物園で今後もゾウを飼育・繁殖させていくためにはどのような群れの構成にし、どのように各ゾウの個性を考慮してケアをすべきか。
・ゾウの繁殖を続けるために、動物園業界の誰に聞けば答えが得られるのか。
・飼育チームの一員としてどのように働き、責任を果たすか。

第四章　ゾウも人も幸福な新しい飼育法

ここからは、実際に行われている準間接飼育（プロテクテッド・コンタクト）について、アラン・ルークロフトに説明してもらおう。

ゾウの準間接飼育とは？

準間接飼育を成功させるには次の八つの要素がある。

①適切な施設設計（安全性とゾウ飼育管理の目標を考慮する）
②正しい接近（施設設計が適切で正しくゾウに接近することができれば、安全性は保たれる）
③ゾウの福祉を考慮した飼育および医療に必要な行動（ゾウにどのような行動をとらせるかという明確な目標）
④トレーニング技術（正しいトレーニング法とゾウへの近づき方を中心とした手順）

トレーニングとは、一般的には動物の身体的および精神的状態を変えることを意味し、アスリートやスポーツ全般のトレーニングと同じでパフォーマンスを向上させるためのものである。動物園においては、ゾウが危険である場合はトレーニングすることによって危険をなくしていくのだが、ゾウに毎日同じことをしてもらい安心させることによって、危険な行動をやめさせ望ましい行動へと導いていく。

多くの動物園で行われている直接飼育の場合、極端な例ではゾウが人間や飼育係よりも優位に立ってしまい、ゾウが危険になりすぎて近寄ることができず、望ましくない行動を叱ってやめさせることができなくなっていることもある。準間接飼育では、日常の飼育管理でゾウを叱ることはない。

⑤立ち位置とタイミング（飼育係の立ち位置と指示のタイミングをうまく使う）
⑥飼育係のトレーニング
⑦道具（ターゲット棒やほうびなどゾウに近づくために使用する）
⑧文書記録（各園および動物園業界全体のための参考資料として明確に記述する）

ちなみに飼育係の1日は、朝7時頃にゾウ舎に到着し、各ゾウの体を目視する。その後、飼育係が集まりその日行うこと、昨日起こったこと、ゾウの健康に関すること、修理すべき設備はないか、修理すべき設備があればだれが修理するかを確認する。その日のリーダーは安全を常に確認し、他の飼育係に指示を与える。そして作業をする場所にゾウを連れてきて、必要なケアや治療をする。子ゾウ以外はトレーニングによって足や尾を指定された場所に出してケアができるようにする。目も観察し、可能なら健康診断用の採血をする。群れに子ゾウがいる場合、集中的なトレーニングを毎日短時間で行い、必要なときに体に触れるようにしておく。

トレーニングが終わったら、獣舎の掃除や放飼場《ほうしじょう》の準備をしてゾウが自由に過ごせるようにする。

夕方には、新たに準備をした場所にゾウを動かし、日中使用した場所もきれいにして夜間も使えるようにして飼育係は帰宅する。

PCウォール

飼育係の安全を確保し、ゾウのトレーニングを優しく行うための設備として欠かせないものに、PCウォール（Protected Contact Training Wall）という柵がある。PCウォールは特殊な形をしている。これは、人間がゾウに対して必要なケアや治療をできるようにするための設備である。

バルセロナ動物園で使用している準間接飼育用の PC ウォール。
ゾウと飼育係の視界を妨げないことが大切である。十分なスペースと特別に設計された PC ウォールがあれば、飼育係は PC ウォールの前に複数のゾウを留め置くことができ、ゾウを流れるように動かして、放飼場に出したりゾウ舎に入れたりすることができる。

上の写真は、スペインのバルセロナ動物園で使用している準間接飼育用のPCウォールである。これがつくられてから、飼育係は高度な技術を習得して、ゾウの飼育がうまくいっている。

ゾウの福祉と飼育係の安全の基準を考えれば、適切な施設設計はおのずと決まってくる。ゾウのけがや病気には、速やかに対処しなければならない。そのためにはゾウに安全に近づくことが最重要事項である。来園者を喜ばせることを優先してはならない。

近代的な動物園の多くは独自に

考案した飼育を行っているが、これはゾウ飼育係の準間接飼育に関する知識、既存の施設の構造と制約、飼育係や管理職がほかの動物園で見聞したことの三つに基づいてつくられたものが多く、直接飼育と準間接飼育がまじりあっている。準間接飼育トレーニングが確立されたのは1980年代だが、当時は明確な定義がなく、動物園職員の知識と経験がよりどころだった。安全で信頼性が高く、人とゾウの信頼関係を向上させるようなゾウ舎や飼育プログラムの要素、設備の寸法など、動物園が参考にできるような情報がなかったのだ。私（アラン・ルークロフト）が記したもの以外に本当の意味で安全な準間接飼育の定義はない。

大規模な動物園であっても実態は変わらず、ゾウが飼育係を突き飛ばせる状態なのに、それを準間接飼育と呼んでいるところもある。準間接飼育といいながら直接飼育のようにゾウのいる場所へ入っていくことすらある。近代的な動物園の管理職であっても、安全なゾウの飼育方法を知らないことがほとんどで、動物園が慎重にたてるべき安全管理指針を、ゾウチームだけにゆだねていることも多い。世界各国の多くの動物園で現在準間接飼育プログラムを日々行っているが、ゾウへの近づき方がとても危険で、ゾウがその気になれば飼育係を突き飛ばすことも可能な場合が見受けられる。とある有名な動物園では、飼育係の立つエリアにゾウが頭を突き出すことができるのが現状なのである。「頭を突き出す」とは飼育係の大けがにもつながる危険行為だ。

準間接飼育でトレーニングをすると決めた時点から、準間接飼育がきちんと行える施設を設計し、安全にゾウに近づいたり、PCウォールの前にゾウを留め置いたりすることができるようになった動物園は、私の知るところではアイルランドのダブリン動物園とイギリスのチェスター動物園、そして日本の札幌市《さっぽろし》円山《まるやま》動物園と東京都多摩動物公園（2020年完成予定）しかない。この4園は慎重に施設設計をし、十分な長さのPCウォールに、足や耳を出させる複数の枠を設けている。だから数頭のゾウをPCウォールの前に一度に立たせることができ、群れ内の順位の確立や確認にも役立つ。十分なスペースと特別に設計されたPCウォールがあれば、PCウォールの前に複数のゾウを留め置くことができ、ゾウを流れるように動かして、放飼場に出したりゾウ舎に入れたりすることができる。理想的な飼育環境を実現しており、この様子は来園者も見学可能である。

PC ウォールの前に数頭のゾウを留め置く飼育係

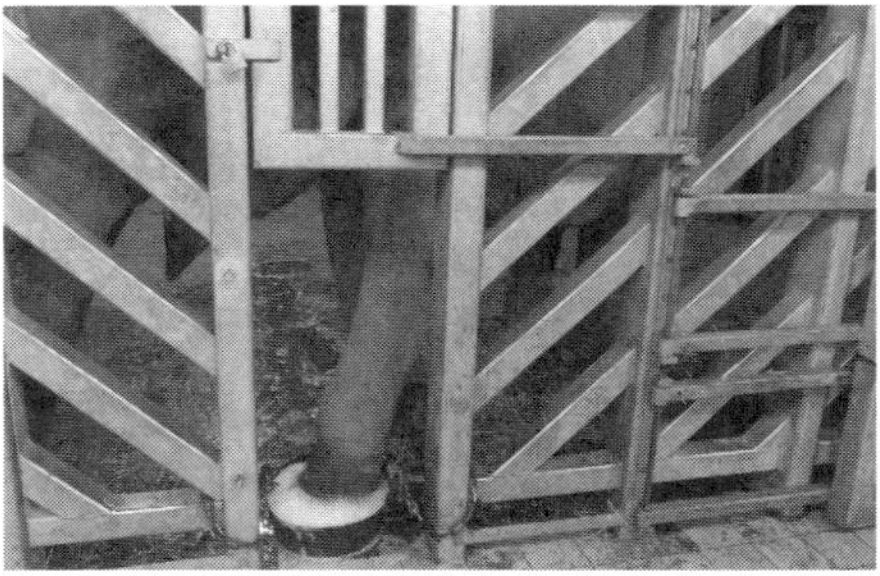

ゾウの足のケア

PCウォールは、ゾウの視野も人間の視野もさえぎらないようにつくることが大切だ。トレーニングを成功させるには、ゾウがいつでも飼育係の姿や行動を見られるようにすることが重要である。そうすることで、ゾウが安心し、飼育係との信頼関係を築くことができる。また、飼育係が立つ側には、いざというときに、ゾウから遠ざかることのできる十分なスペースも必要である。またPCウォールをゼロから設計する場合には、使用する金属は細くても強いものを使うことだ。メスゾウに比べオスゾウの場合はもう少し強度を高める。

また、アフリカゾウとアジアゾウでは、必要なPCウォールの構造は異なる。アフリカゾウは鼻が柔軟で比較的狭い空間にも鼻を入れられるので、PCウォールもそれを考慮して設計しなければならない。アジアゾウの鼻は柔軟性が劣るので、アフリカゾウの場合よりも隙間はやや広くてもよい。さらに、アフリカゾウとアジアゾウでは、ＰＣウォールの使い方が異なることにも留意して設計する。アジアゾウは足に膿《のう》瘍《しょう》ができやすいので、定期的な足浴（前ページ写真）が必要となる場合がある。そのため足と口の両方にさわれるような柵を設計する。足浴のための枠、足をのせる枠、口内検査のための枠は、いずれも幅70センチとしている。地面から足をのせる枠の上端までの高さは１メートルくらいである。足浴用の容器は下の枠から入れて、足浴が終わったら回収する。足をのせる枠の縦の長さは70センチで、その上に口内検査用の枠を設ける。すべての枠の扉は作

後ろ足を出す

前足を出す

採血のため耳を出す

目の治療

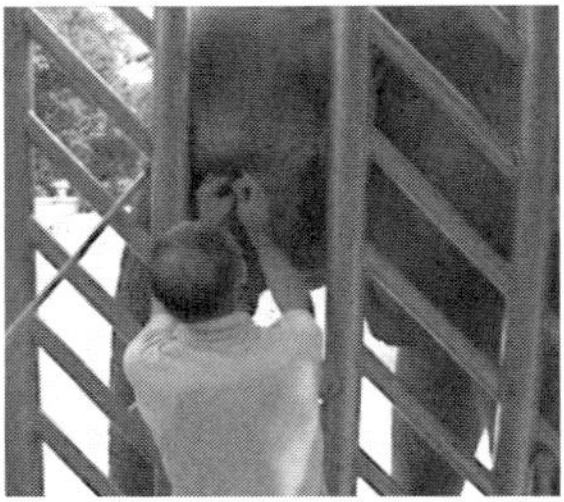

口内検査

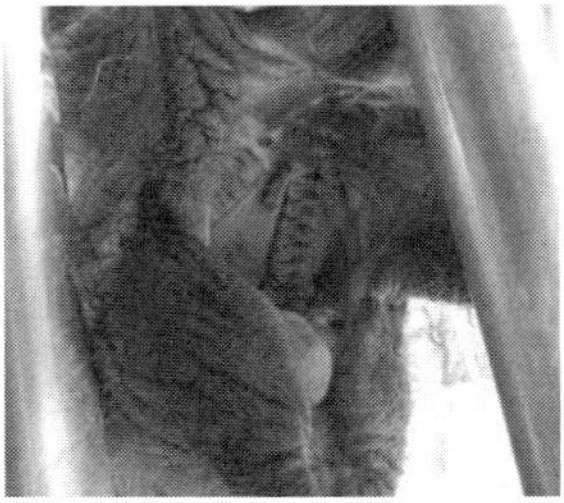

写真はバルセロナ動物園より

業内容によって開いた状態、または閉じた状態でロックする。口内検査用の枠は足をのせる枠の大きさと同じにするか、前ページ下の写真の採血のために耳を出す枠と同じようなものにしてもよい。ときには牙を切ることもあるので、その作業がしやすいようにすることも必要である。

ＰＣウォールの前であっても、飼育係がゾウに突き飛ばされることが多くの動物園で起きている。斜めのバーの本数が少なく、空間が大きくあいていると危険なのだ。ＰＣウォールはどのように設置しても危険はあるが、設計と同時に作業手順、すなわちＰＣウォールの前で「していいことと、してはいけないこと」を定めることが大切である。設計に不備があると、空間があきすぎて飼育係が突き飛ばされる。威嚇されたり殴られたりつかまれたりもする。飼育係を十分に保護し、かつ視界をよくするため、ＰＣウォールに使う太いバーの数は少なくし、細くても強度の高いものを使用する。

気分次第で飼育係を追い払おうとするゾウは、飼育係を追いかける対象として見ており、これが癖になると、トレーニングも手入れも治療もできなくなる。ＰＣウォールの長さは設計上非常に重要であり、トレーニングの成功を左右する。理想的な長さは９メートル。準間接飼育トレーニングは単に足を上げさせたり、耳を出させたりするためのものではなく、ゾウと飼育係がコミュニケーションをして絆《きずな》を結び、関係性を確立するためのものでもある。９メートルあればゾウを自由に動かしてさまざまな状況をつくり出し、信頼と理解を深め、ゾウを望ましい位置に立たせて、こちらが望む行動を取らせることができるようになる。

実際に使われているＰＣウォールとその使用状況をいくつか紹介しよう。前述のように日本では多摩動物公園と札幌市円山動物園で実際に見ることができる。

飼育の実際

ゾウの安全な準間接飼育には、あまりにも定義が多すぎる。

また、ゾウがまるで刑務所の囚人のように「今日は飼育係を脅してやろうか、やめよう

イギリスのチェスター動物園の PC ウォールとトレーニングエリア

東京都多摩動物公園のアフリカゾウ用の PC ウォール

東京都多摩動物公園のアジアゾウ用 PC ウォール

〈PC ウォール越しにケアがしやすいゾウの立ち位置と行動〉

若いゾウの前足の出し方

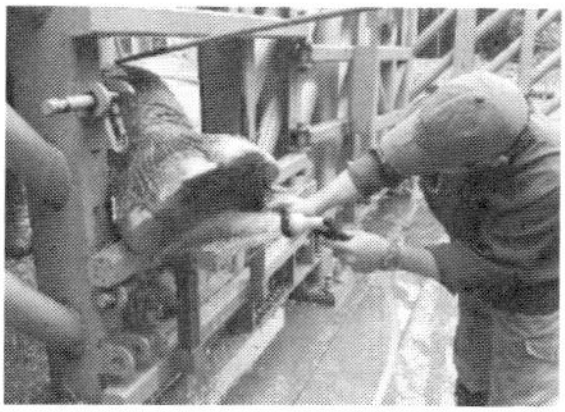

成獣の前足の出し方

足の洗浄や爪の手入れをしやす
くするための足をのせる補助台

成獣の後ろ足の出し方

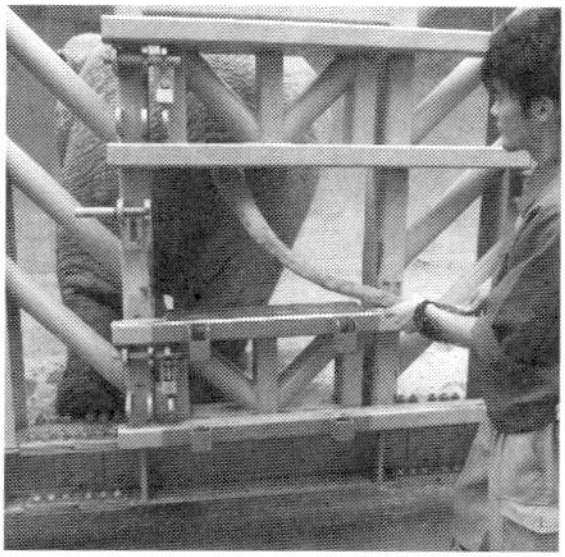

尾にけがや病気のある場合は、尾にさわることも必要となる

採血をするときのゾウの位置

か」とその日の過ごし方を決めてしまうケースも、多くの動物園で見てきた。飼育係の安全はゾウの手の中、いや鼻の中に収められているのである。

ゾウの近くで作業することができなくなって、担当を外される飼育係が出るのは、施設が適正に設計されておらず、ほとんどの場合、安全性に関する目標も明確でないからである。現在よくあるケースは、特定の飼育係だけが特定のゾウを扱うことができ、若い飼育係はゾウの攻撃を受けなくなるまで待たなければならないということである。このように一部の人間しかゾウを扱えないのは、施設の設計が不適切だからであり、ゾウの飼育管理の成功を阻むので考え直すべきである。

私が設計に参加し監督してPCウォールを建設する場合には、必ず守るべきルールがある。一つは人が入るエリアを線で示す。次ページの二つの写真は、地面に線を引いてゾウと接触するエリアを示している。上の写真では左下にわずかに赤線が見えており、ゾウと接触するエリア内には飼育員を必ず二人置くのが決まりである。下のダブリン動物園の写真では、見やすいように黄色のラインにしている。ゾウに近い側が接触ゾーンで、飼育係同士で会話をする場合は、ゾウが届かないようにこのラインの外側へ移動することとなっている。PCウォールを越えて、体の一部を差し入れることは禁止しており、ターゲット棒もPCウォールを越えて深く差し入れると、ゾウがつかんだり壊したりする格好の標的となるので避ける。ゾウにいったん悪い習慣がつくと、矯正するのが困難なので、どんなトレーニングや評価プログラムであっても常に正しく実践し、最高レベルの安全性とゾウの福祉を目指すべきであると考える。

若い世代の飼育係を正しく訓練して有益な助言をすれば、動物園業界にとって貴重な人材となり、この人材が経験を積むうちに、また次の世代に助言ができるようになり、それが引き継がれていくことになるだろう。

ゾウと接触するエリア内では二人体制でのぞむ

わかりやすいエリアの表示

ゾウのケアとは何か

動物園では、ゾウの健康管理のためにゾウに近づく必要がある。そのための方法として準間接飼育、保定枠、麻酔という三つがあるが、いずれも飼育係にとって安全で、ゾウのためになるものでなければならない。次ページの写真にあるように、動物園でゾウの病気の診断や治療をする場合に用いられる方法である。

ＰＣウォールを使用すると毎日ゾウにさわることができ、簡単な治療や飼育上必要なケアも可能である。具体的に何をしなければならないだろう。

以下は直接飼育でも準間接飼育でも、ゾウに対して実施すべきケアの項目であり、イギリスやヨーロッパ、アメリカの動物園水族館協会がゾウの福祉の基礎と考えるであろうものである。

①採血、血液検査、健康状態および繁殖能力の検査、②尾のケア（皮膚に食い込んだ毛の除去、尾の薬浴、古い皮膚の除去、咬《か》まれた場合の治療）、③足のケア（削蹄《さくてい》、検査と洗浄）、④口のケア（体温測定、歯の生えかわりのチェック、口内を健康に保つ）、⑤眼の検査（眼の疾患の発見と治療）、⑥全身を洗う、皮膚のケア、古い皮膚の除去、⑦直腸内への抗生物質の大量

PC ウォールを使用した健康管理

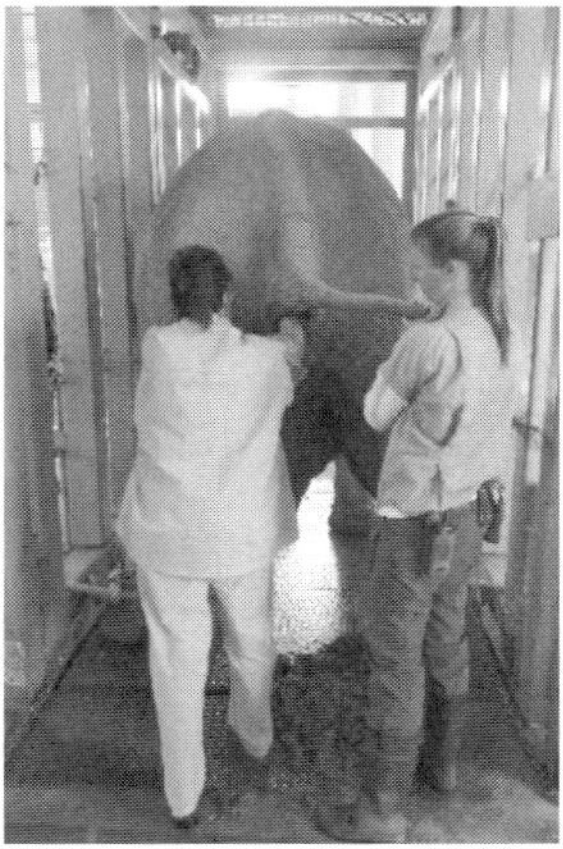

保定枠の中で直腸から抗生物質を投与する

ゾウの全身麻酔

投与やその他の投薬、⑧伏せの姿勢と横臥《おうが》（背中の検査や古い皮膚の除去）、⑨注射のためのトレーニング、⑩レントゲン撮影のためのトレーニング、⑪採尿のトレーニング、⑫外陰部と陰茎の検査、⑬牙の洗浄と切断（牙が長いゾウの場合）、牙が収まっている歯槽の洗浄（メスの小さな牙が破損した場合）、⑭体重測定（ゾウが妊娠した場合、体重測定を継続することで病気や体重の減少を発見できる）、⑮運動（ＰＣウォールの前でゾウを動かし、毎日の運動の記録をとる）、⑯保定（スクイーズなどに入れて動きを制限する。ゾウの動きを制限する必要に迫られた場合に備える）、⑰検査用の皮膚の採取、⑱足の薬浴（必要な場合）、⑲唾液の検査、⑳互いになじみのないゾウを対面させる場合の手順、㉑赤ちゃんゾウのケアをするためのエリアを設ける（ⓐ採血　ⓑ口の中で体温測定、口内検査　ⓒ唾液の採取　ⓓヘルペス感染症の治療のための直腸からの薬剤投与　ⓔ眼の検査　ⓕ尾のケア　ⓖ可能ならば簡単な保定　ⓗ全身にさわる）

⑫や⑯、⑰の項目は、ゾウに準間接飼育がされていてＰＣウォールに保定装置がある場合にだけ可能だろう。

治療するときに痛みが生じる場合には、安全のためゾウの保定装置が必要である。

全身麻酔をする際には、ゾウを横向きに寝かせなければならないが、それ以上に大切なのは、麻酔が覚めたときにちゃんと立ち上がらせることである。そのためには地面が土や、起こしやすい砂の山などに寝かせることが必要だ。

若いアジアゾウにはヘルペス感染症が発生するので、検査や治療に備えて、生まれて間もない頃から子ゾウにさわれるようにしなければならない。そこで子ゾウのトレーニング用の小さな囲いをつくり、小さいうちから人間が安全に直接さわれるようにする。子ゾウの体調に変化が見られたら採血をし、ウイルスが検出されたら直腸から輸液をしたり、抗生物質を投与したりして、子ゾウの命を救うことが重要である。

ターゲット・トレーニングとは

最初にゾウに教えることは、ほうびを使って人間の後を追わせることである。確実に後を追うようになったら、ターゲット棒（ターゲット）を頭に触れさせてほうびを与える。これをターゲット・トレーニングと呼ぶ。

ゾウが動物園で生活するためには、さまざまなトレーニングが必要だ。トレーニングは頭のいいゾウと飼育係との信頼関係を築くために欠かせないことである。毎日同じことをくり返すトレーニングで、ゾウを新しい環境に慣れさせ、落ち着かせることができる。さらに足や耳や尾に触れ、必要なケアや治療もできるようになる。

準間接飼育でゾウをトレーニングする場合、次の五つのものを準備したり配慮する必要がある。

一つ目は、ターゲット棒だ。多くの動物のトレーニングに使用される補助道具である。具体的には家庭菜園に使う支柱のようなものだ。

ターゲット・トレーニングはアシカ、クジラ、イルカなどに広く使われており、現在は大型の肉食獣を金網のそばに呼んで尾から採血して健康診断ができるように訓練する際にも使われるようになった。

二つ目は、ほうびとしての食べ物。ゾウが欲しがるものを選ぶ。

アメリカでは現在、トレーニングの動機づけのために、与える餌の量を控える動物園も一部にはある。個人的な意見だが、ゾウは昼夜とも十分な量の食事をもらっていても、トレーニングできちんと動く。通常の餌の量を減らすと好ましくない緊張が生じてしまうので、刺激を与えなくてもそもそもの緊張度が高い繁殖期のゾウにはこの方法はよくない。

三つ目は、ほうびを入れるバッグ。

四つ目は、身ぶり手ぶりと、PCウォール前での人間の立ち位置。

五つ目は、ＰＣウォールの構造。

ＰＣウォールの設計は非常に重要な部分である。前述したが、ゾウに安全に近づくことができ、ゾウがＰＣウォール越しに人を追いかけたり突き飛ばしたりできないようにしなければならない。人を突き飛ばせることに気づくとゾウはそれを実行するし、攻撃性が増す場合もある。ゾウの攻撃性が高まり、そうした行動をゲームととらえてしまう場合もあり、ＰＣウォールが正しく設置されていないととても危険である。ＰＣウォールの設計が適正であれば攻撃的なゾウをかなり落ち着かせることができ、攻撃性を低下させることもできる。

最近のゾウ舎では屋内にも屋外にもＰＣウォールを設置して、日中のどの時間でもトレーニングができるようにしているので、ゾウを屋内に入れたり群れから離したりする必要がなくなった。なんらかの処置をするためにゾウ舎に入れなくてはならないということを減らし、群れの中での

ターゲット・トレーニングのための道具

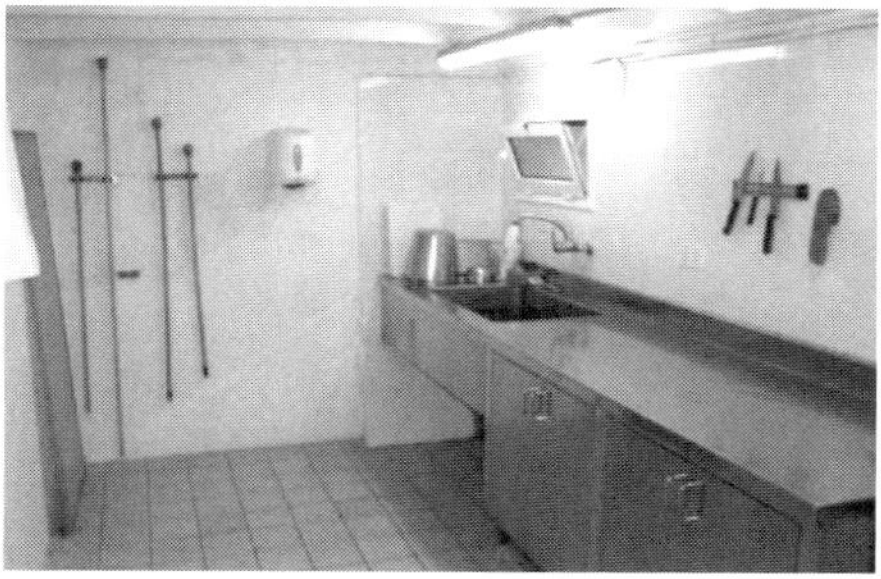

ターゲット棒でゾウに触れる位置

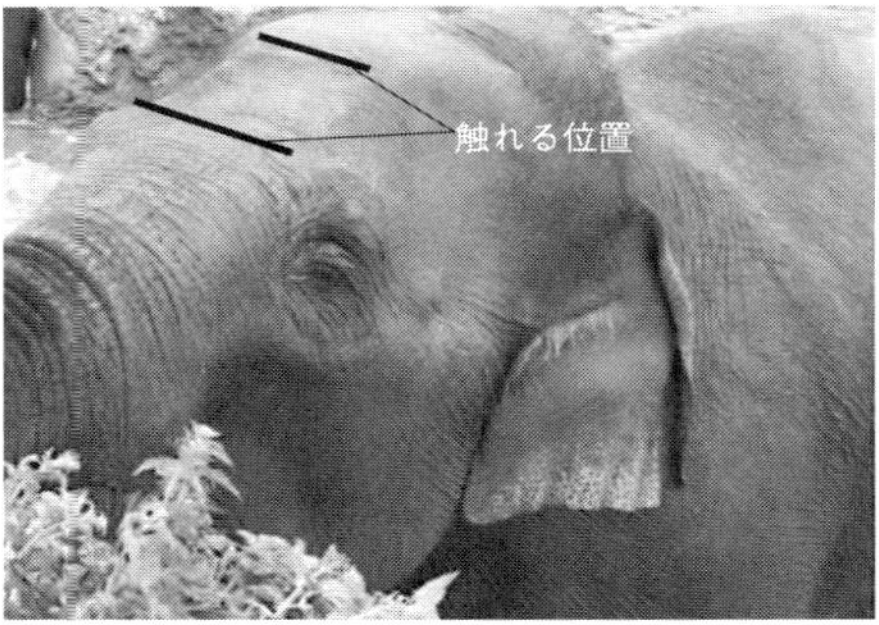

ゾウの順位や関係性に配慮するようになった。天気が急変する場所では、ＰＣウォールの上に屋根を設置して飼育係とゾウに雨がかからないようにする。

ターゲット棒を使ってゾウに触れるのは、頭のどこでもいいわけではなく、鼻が頭蓋骨に付着する目の上の部分である（上の写真参照）。

頭部のこの位置をターゲット棒に触れさせる主な理由は、体のほかの部分に比べて鼻は柔軟性が高いため、この位置より低くすると足を動かさずに鼻を伸ばしてターゲット棒にさわるようになってしまうからである。最初からターゲット棒にさわるのはこの部分だけと教えなければ、ゾウは動かなくてもいいと思ってしまう。頭のこの部分だけと教えておけば、人間は少し動くだけでゾウを自由に動かすことができ、比較的短期間でゾウは頭を下げるようになる。

プログラムの共有

専門的なゾウ飼育プログラムには、それをサポートする資料を用意すべきである。こうした資料にはプログラムが果たすべき内容に加え、重要性と制約も明確に記すことが大切である。「ゾウ飼育係の手引書」は、ゾウ飼育プログラムの土台となるべきもので、新人の飼育係がゾウを担当するうえで、知っておくべき動物園関連情報をすべて記載しなければならない。

ある動物園からほかの動物園へ飼育係が研修に出かけたり転職したりして、担当飼育係が不在の場合にも、また長期にわたる集中トレーニングを受けずに、別のあるいは新任の飼育係でも飼育ができるようにする一貫した飼育プログラムをつくれるだろうか。一部の動物園では準間接飼育トレーニングによってすでにこれが可能となっている。

文化や国が違っても、効果的に設計された施設とシンプルで安全なトレーニング技術を使えば、飼育係は飼育プログラムの目標を理解でき、飼育係のしていることをゾウに理解してもらえる。このようなことが実現すれば、それはゾウにとっても望ましいことであり、ゾウの幸せのために私たちは働いていることになる。

輸送のトレーニング

準間接飼育はクレート・トレーニングや輸送に役立つ。

前述したようにクレートとは移動のときに使う輸送箱のこと。狭くて暗いクレートの中に入ることは、ゾウにとっては怖いことである。しかしクレートに入るトレーニングをくり返すことで、ゾウは安心できるようになる。

私は2008年3月、デンマークのコペンハーゲン動物園で、大きなアジアゾウのオスの成獣に準間接飼育トレーニングを施し、輸送することに成功した。

50歳になる繁殖用のオスゾウ、プライサークは旧ゾウ舎で長い間暮らしていたが、仲間のゾウたちと一緒に、新しいゾウ舎へ移されることになった。しかし、体重が6トンで長い牙を持つ神経質な個体で、輸送は難しいと思われていた。そこで、プライサークに輸送のためのトレーニングが始められた。輸送の3年前のことである。

それに際し、準間接飼育トレーニングができる輸送用のクレートを新たに設計することにした。すでに始めていたトレーニングを、輸送時に応用するため、ターゲット・トレーニングができる小窓や、動かないように足を繋留《けいりゅう》するための扉のついたクレートをつくったのである。

私は、飼育係が準間接飼育でプライサークの健康管理ができるように指導するために雇われた。コペンハーゲン動物園のゾウチームはレベルが高く、準間接飼育の技術を教えるのは容易だった。

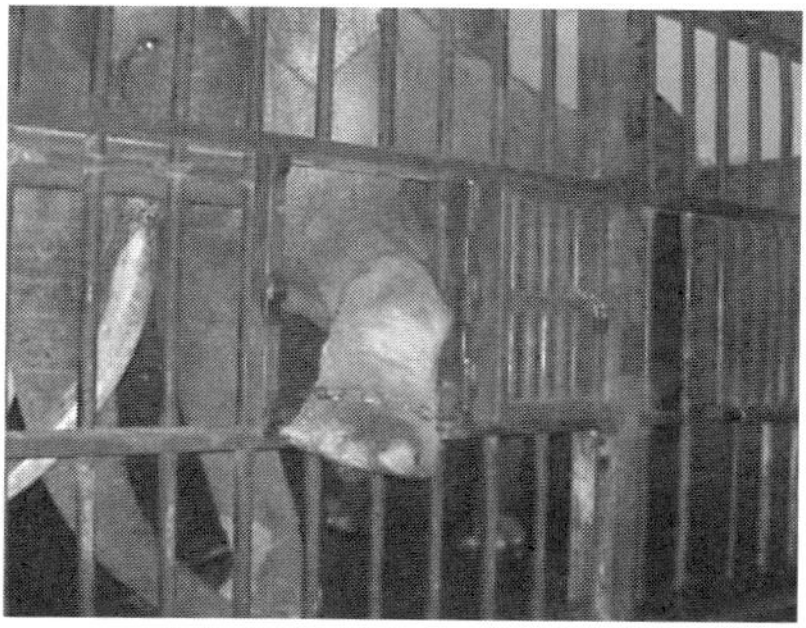
体重6tの巨大なプライサーク

まず最初に、プライサークは、PCウォールの前で、足にチェーンのブレスレットをつけるトレーニングをした。次にこれをつけたままにして、クレートに入ってからはずすことに慣れさせた。さらにトレーニングが進むと、クレートに入りPCウォールに戻ってからブレスレットをはずす訓練をした。次ページの写真は上から順に、クレートの構造、ターゲットの使用、足を出させる、繋留するという一連の手順を示している。輸送予定日の1か月前には、プライサークを輸送する準備ができていた。この一連の手順は毎日練習していたので、プライサークもよく理解しており、輸送日にはストレスもほとんどな

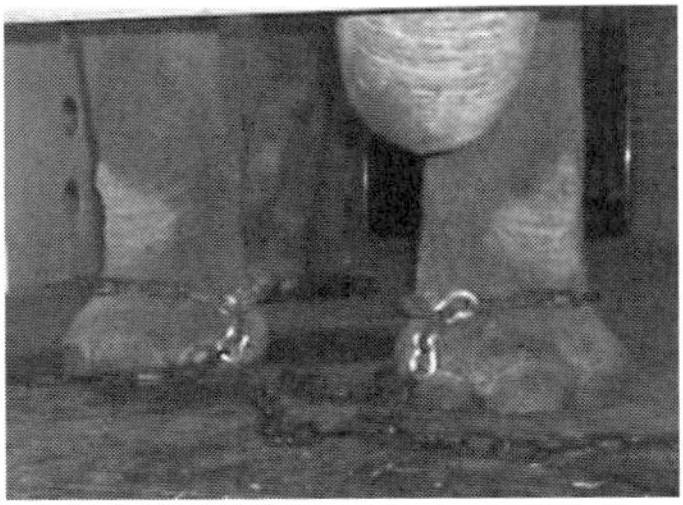

かった。唯一練習できなかったのは、クレートを地面から持ち上げることだった。

さらにこの数年間で同時に実施したのは、ゾウを24時間出入り自由にすることである。もちろん安全には配慮している。ゾウは夜間も採食や移動にかなりの時間を費やす動物で、屋外で過ごすことはゾウの健康にとって重要である。ゾウは屋外に用意された砂山で眠り、一晩中動いて遊んだ子ゾウたちは朝になるとくたびれている。コンクリートの地面ではなく、砂地での生活は、ゾウの足にとってもよい影響を及ぼす。

日本の多摩動物公園では、2020年完成予定で、新しいアジアゾウ舎を建設中である。そのうち屋内施設はすでに完成している。私は2013年から多摩動物公園でアジアゾウのターゲット・トレーニングを開始した。開始から4年後の2017年10月25日、飼育中の3頭の中の1頭、アヌーラを新しい屋内施設に移動させた。アヌーラは65歳（推定1953年11月生まれ。移動時は64歳）の高齢のオス。多摩動物公園の現在のアジアゾウ舎は1958年につくられた古い動物舎だ。高齢のゾウをできるだけいい環境で飼育しようという配慮から先に移動させることにしたのだ。

移動のためにはクレートにすんなり入ることが大前提。そこで、アヌーラをクレートに入れる訓練を行った。放飼場にクレートをしっかり固定し、飼育係が呼ぶとアヌーラは中に入り餌を食べるようになった。ゾウチームはアヌーラを騒音に馴《な》らすために、クレートの外側を棒でガンガンたたいたり、チェーンをガチャガチャさせたりして訓練をした。

移動の日、アヌーラはチェーンでクレートを吊《つ》り上げられたときも、新施設の室内放飼場に放されたときもそれほど動揺することがなかった。4年間のゾウチームの努力は完全に報われた。私はゾウチームに、屋内放飼場から個室にアヌーラを呼ぶように指示をした。アヌーラはちょっと躊躇《ちゆうちよ》したもののすんなり室内に入って行く。さらに中央に計量台のある幅2メートル、長さ10メートルのスペースも通り抜けた。計量台はゾウが乗ると若干動くので通らせるのは難しいのだが、ゾウチームの言葉だけで、しかも一度で通過した。これは多摩のチームが準間接飼育の仕方を十分理解し工夫を重ねて行ってきた結果で、海外の優れた準間接飼育チームに引けを取らない。ここまでこぎつけたことに賛辞を送りたい。

移動用のクレートに入るアヌーラ

新施設でトレーニングをするアヌーラ

〈コラム⑥〉 持っていれば役に立つ資格

飼育係に必要な資格というものはないが、あれば役に立つ資格をいくつか紹介してみよう。

(1)獣医師

私（川口）が現役時代には、動物園に就職したいという希望者へは「まず獣医師を目指して勉強してください」とアドバイスしていた。理由は、動物園の飼育係の就職先があまりにも狭き門なので、獣医師の資格があれば、動物園に入れなくても開業や研究所、製薬会社など応用範囲が広いと考えたからだ。動物園には獣医師の資格を持ちながら、飼育係として働いている人もいる。ただし、獣医師は飼育係を受験できない場合もあるので、注意が必要だ。必ず公募要件を確かめてほしい。

(2)学芸員

飼育係に直接関係がありそうな資格として、博物館学芸員がある。学芸員の試験は国家試験だが、大学で資格取得のための講座を持っていてそこで必要科目を履修し、別途博物館実習を終了すれば資格を取得できる学校がある。まれに博物館学芸員を募集することもある。

(3)その他の資格

認定動物看護師（一般財団法人動物看護師統一認定機構）、家畜人工授精師（農林水産省認定の国家資格）、認定装蹄師《そうていし》（公益社団法人日本装削蹄協会）、初生雛《しょせいびな》鑑別師（公益社団法人畜産技術協会）など。その他、ペットにかかわる業種を含めると多数の資格がある。

(4)英語検定試験

2級以上の資格を持っていれば仕事にプラスになる。最近は海外視察や短期留学を飼育係に勧める動物園が増加しつつある。それは海外の動物園から学ぶ点が多々あるからで、読み書きができ、かつ話せれば世界中の情報をネットで手に入れたり、応用することができる。採用条件にはないが、持っていて損のない資格だ。

第五章　ゾウと動物園

動物を使役に利用していた100年前に比べて、私たちの社会は進歩してきた。かつて馬は荷車を引き、人間と使役動物の関係はよいことも悪いことも日常的にあった。

現代に生きる私たちは、ペットであろうと使役動物であろうと、動物飼育についてたくさんの情報や正しい知識を得ることができる。テレビでは自然に関する番組がたびたび放送され、私たちは動物の姿に感動し、さまざまな動物が環境や生態系にとっていかに重要な存在かを知っている。ゾウもその中の一種だ。食べ物や水を求めて長距離を移動し、複雑な家族群の中で子を育てる動物である。

多くの情報や知識を持った人々が、動物園で檻《おり》の中にいるゾウや、ショーでおかしな芸をしているゾウを見ると、自然の中で生きる野生ゾウと比較してしまう。だから動物園で働く人間は、飼育方法や飼育環境の水準を上げ、ゾウのためにできる限りのことをしていると示すことが求められる。ゾウが自然に近い状態で生活しながら、また十分なケアを受け、さらに自然な姿を見せるための最高レベルの管理方法として、準間接飼育を行うべきである。そうすれば、ゾウの生態を正しく伝えることができる。昔のサーカスのゾウの姿は、今ではすっかり過去のものなのだ。

これからもゾウが見られるということ

アランは2016年9月、動物園のゾウに準間接飼育を行うための共通基準をつくる難しさについて書こうと思い立ったという。次の内容は、彼がドイツのハンブルクで実施した、ヨーロッパ初の「ゾウ学校」(ゾウの飼育管理を学ぶための学校)で使用したものである。

「私は、準間接飼育の実施方法を定める試みを2005年から始めた。これによってゾウの管理方法を改善し、ゾウによる死亡事故を防ごうとしたのだ。

それから十数年たったが、動物園の安全対策やゾウの繁殖状況は、今もあまり変わっておらず、経験豊富な飼育係も少なくなったため、危機的状態にある。

誤解しないでほしいのだが、ゾウについての研究は進み、主に体の構造と繁殖についての知識は、確かに増えた。ゾウ舎についても砂を入れたり室内放飼場《ほうしじょう》を広くしたりして、ゾウが夜間、室内と室外を自由に出入りできるようにもなった。しかし、動物園で繁殖させて子を産ませるということはあまりうまくいっておらず、ゾウ舎を建設しても十分な数のゾウがいない。

現在ゾウの生活について私たちが知っていることのほとんどは、研究者やＮＧＯが野生ゾウの行動を何時間も観察して得た知識であり、なかにはアフリカで30年を費やした研究もある。テクノロジーとマスメディアの発達した現代では、研究の結果もすぐに知ることができる。

ゾウにとって家族や群れは非常に重要で、家族や群れを土台に数千年という年月をかけてゾウは種として進化してきた。それなのに動物園では群れの飼育をせず、１、２頭をあちこちに分散させている。ゾウを不自然な状態で飼育しているのに、そこに問題はないように思い込んでいる。ゾウは知的で能力の高い生き物なので、このような飼育環境では能力を発揮できない。

優れた研究で、ゾウの体の構造や疾患に関する理解は深まり、そのことはゾウの飼育管理に利用されるようになった。そしてゾウの健康維持に関する知識も増えた。ただ残念なことは、ゾウの自然な暮らしよりも研究（科学）が優先されていることだ。研究をさらに進めるために、動物園のゾウに近づくことはゾウにとって必ずしも望ましいことではなく、ゾウを救おうとして始めた研究が、逆にそのゾウの家族やその暮らしを妨げることもある。

私はかつて飼育係としてさまざまなことを考えた。今は動物園のコンサルタントとして責任を担っているが、初めてゾウの飼育係になったときからこれまで見てきたゾウの飼育管理は、もろくて不安定なものだった。人間の教養レベルは高くなり、先進的な動物園が動物の福祉と存続に貢献すべき時代であるのに、飼育係の安全、ゾウの福祉、ゾウの扱い方という観点では、今も昔と変わっていない。だから現在の状態は最低レベルにあるのかもしれない。決して大げさに言っているのではない。

このままでは近い将来、動物園で絶滅によりゾウが見られなくなるかもしれない。動物園、動物園協会、園長、ゾウの福祉委員会などの専門家が直ちに協力し、なぜゾウが動物園でうまく繁殖できないかを、大学の本格的な研究で究明しなければ、動物園のゾウは私たちの代で滅びるだろう。ゾウに安全に近づいてケアができるようにするということは、この問題を解決する一つの要素でしかない」

アランは世界中の動物園で働く多くの有能な人々と知り合いだが、自分と同じようにゾウの問題を意識している人はいないという。ドイツのハンブルクで「ゾウの学校」を開催した目的は、情報を分かち合い、若い人たちに、ゾウの繁殖と安全な扱い方を教えることだったそうだ。このころから動物園でのゾウの飼育には、現在と同様の問題がすでに存在していたのだ。

昔も今も変わっていない。さらに動物園の管理職の人々が、ゾウにとって正しいことをしようとしないことに大きな問題があるともいう。なかにはゾウが寿命を全うできるように、ゾウの自然な生活を参考にして、長期的な目標をたて、先進的な飼育をしている優れた動物園はもちろんある。しかしゾウの生死は人間が何をしたかではなく、その個体が強いかどうかで決まる。誰が飼育の基準をつくったとしても、たとえその基準が優れたものであっても、いい加減なものであっても、ゾウは動物園でとりあえず生きることはできる。

これまで資金を準備できさえすれば、動物園という看板を出せたし、ゾウ飼育の基本がなく、将来の展望を持っていない動物園にも、ゾウを提供する人はいた。そのような動物園は、ゾウを飼育・観察するための知識も、種としての進化の歴史を知ることも必要としていないようだ。

また、逆に最近では科学に重きを置くようになっていることから、科学だけが正しいと思い込んでしまうと、これまで長い年月の経験で積み上げられてきたマフーや飼育係などの知識が軽視され、継承されず失われてしまう。これも問題だ。

　ここ数十年でゾウの繁殖に成功し、当面の飼育頭数を確保できている動物園は少数だが常にあり、生まれた頭数は24頭にもなった。しかしゾウは、たとえ人が住めない北極のような環境であっても繁殖できる能力のある動物なので、この成功は動物園がただ運よく波に乗っただけのことともいえ、計画的に継続できるとは限らない。だから経験不足でつまずくことがあると、繁殖を中止せざるを得なくなる。繁殖に成功し飼育を行う中で、いざ人間の知恵が必要になっても、飼育チームに十分な知識がなければ対応できない。よって単に毎日の業務をこなすだけになる。アランのコンピューターには、実施されなかったガイドラインなどの文書がたくさん入っているという。作成時にはすばらしかった文書も動物園のゾウの長期的な繁殖には役立たなかった。作成された頃に、必要だと思われたことは記されているが、まだ未完成だと彼は言う。

　世界中の多くの動物園と接してきたアランだからこそ言えることだ。

時間がたって何が変わったのか？

飼育するゾウ舎は大きくなったが、大きくすることはさほど難しいことではない。建築そのものは天才的な能力がなくてもできるし、放飼場を整備したり、草地を囲むフェンスをつくったりするのに高度な技能はいらない。しかし、ゾウの生態をよく理解し、ゾウのために変化に富んだ環境を整えて、経験の浅い飼育係が安全に作業するための手順を決めるには、高度な技能が必要である。ゾウの進化の歴史や繁殖を考慮しながら、ゾウと人間が毎日互いにかかわりあう飼育管理方法は、高度な科学なのである。

世界の動物園を訪問しているアランは、ゾウの準間接飼育を実践し、将来の手本となる動物園は2016年時点で世界に7か所あると言う。それはチェスター（イギリス）、ダブリン（アイルランド）、ダラス（アメリカ・テキサス州）、ノアズアーク（イギリス・ブリストル）、クリーブランドメトロパーク（アメリカ・オハイオ州）、ヘンリードーリー（アメリカ・ネブラスカ州）、セジウィックカウンティ（アメリカ・カンザス州）の七つの動物園だ。飼育係の安全を確保しながら、ゾウの繁殖を目指す飼育も行っている。ゾウの飼育管理には繊細な配慮を要することを積極的に発信しながら、キャリア志向の若者には雇用の機会を与えているそうだ。

この7か所以外にも、アランがコンサルタントとして助言している動物園では、人間の寿命を超える長期的展望を持ち、ゾウの状況を変える努力をしているという。

しかしそれらの動物園は例外で、「アメリカの大半の動物園のゾウの飼育管理をボートにたとえるとしたら、『こんなボートでは大海には出られない。浅い岸辺にとどまって、浸水してきたらすぐにボートから逃げ出さなければならない』といったところだろうか」とアランは言う。それはどういうことか。準間接飼育の定義も実施方法もあいまいなために、飼育係たちは今でも負傷しているのだという。安全対策が重視されておらず、ゾウを担当したことがあれば、だれでも専門家と呼ばれ、ただゾウ舎にいたにすぎないのに、自分の意見を振りかざして安全と倫理について語っている。アメリカの多くの動物園のゾウ飼育は、ただやみくもに走るボートであり、不備が多いために飼育係がけがをしているのが現状ということなのだ。

繰り返すが、科学が発展し、動物園のゾウの飼育管理について、さまざまなことが言われるようにはなったが、昔から積み上げてきた飼育係の知恵は、残念ながら軽視されている。

動物園への提案

ゾウはただ飼育しているだけでは、繁殖は望めないし、繁殖しないということは先が見えないということだ。

現在の飼育状況では、ゾウの未来は暗い。ゾウの繁殖に関する研究は進んだが、2018年現在、改善しようと努力はしているものの、このままでは十分な頭数を確保できない。例えば飼育方針のしっかりとした動物園へゾウを集めて繁殖させるなどの、長期的な展望が望めない。だからゾウを群れで受け入れられる動物園を見つけ、時間をかけて繁殖可能な飼育環境を整えなければならない。ゾウを受け入れる動物園の条件は、現在のものとはまったく違い、動物園という看板があるだけではだめなのである。動物園と名がついて信用されているだけでは、ゾウ以外の動物ならそれでもなんとか飼育できるかもしれないが、ゾウの場合はうまくいかない。

私たちが気づくのが遅すぎたのかもしれない。科学研究や研修、セミナーなど、いろいろなことを実施してはいるが、まだまだ十分ではない。

職業は何かと聞かれたとき、アランは「動物園の不適切な飼育環境が原因で生じたゾウの異常を、正常に戻すため、関連機関の偉い人に働きかけること」と答えるそうだ。

動物園の人たちよりも、飛行機で隣に座った人の方が、アランの言うことに賛同してくれるとか。「間違いの原因はわかりきっている。動物園では研究者を雇って、ゾウの飼育がうまくいっていないという事実をごまかしている。何が悪いのかはもうわかっているのだから、難しい問題の解決に向けて努力しているふりをするのはもうやめるべきだ」と彼は言い、さらに続ける。

「暗くて冷たく固い床の上に、駐車しておけるバスと同じように、ゾウを扱ってはならない。これまではゾウを死ぬまでバスのように扱ってきた。ゾウははるかに知的な生き物であるのに、ひどい扱い方をして、本来の能力を発揮できないままにしてきた。

私はもともと楽天的だが、ゾウに関しては別なようだ。どこかにゾウを救う知恵はないのか、危機的状態の中で行動を起こす人はいないのか。私たちは行く先も見えないままやみくもに進んでいるだけなのか。

素人の批評家ではなく、動物園関係者や、次世代の若い飼育係を指導する立場の専門家に聞きたい。あなたたちはゾウの将来を考えたうえで、若者たちに飼育法を教えているだろうか。それとも、今のような繁殖もできない粗末な飼育管理法を教え続けるのか。

毎年、年次総会や分科会、動物園園長の集まりに参加していた時期があったが、ゾウの将来についての話し合いは、まるで予算会議のようだった。しかし問題の核心はそこではない。ほかの人たちの気分を害さないように、私は気を使って話をするつもりはなかった。動物園のゾウの将来のためには正しいことをすべきで、間違いが起こる隙を与えてはならない。安全が確保できないようなことをしてはならない。長期にわたってゾウを繁殖させることができないなら、今後50年間で必要な対策ができないなら、ゾウを飼育すべきではないし、古い飼育法も教えるべきではないと主張した。

保守的な人々や動物園の管理者は、ことの重大さを認識していないため、現在抱えている問題を解決できるほどの考えを持っていない。

私にとって進むべき道は明らかだ。『ゾウの自然な生活を参考にして、家族群をつくり繁殖させる。そのためには、日々進歩する科学に基づいた飼育方針のもと、古い飼育方法ではなく、ゾウに適した高度な生息環境を整え、これまで無視してきた動物の福祉に配慮する』、これが飼育をするうえでの基本であり、トイレの清掃員から園長に至るまで、動物園のあらゆる職員にしっかり浸透させるべき理念である。理念とはゆるぎない知識であり、トップレベルの動物園ならば、ゾウの繁殖・個体群の維持を最優先事項にする必要がある」と。

最初の出会い

振り返ると私とアランの出会いは、今から30年以上前のことだ。当時のことは今も鮮明に覚えている。

アメリカカリフォルニア州サンディエゴ動物園の大きなブーゲンビリアが満開に咲き誇りハチドリが舞う正門の前で、私は妻と二人の娘、妻の両親を伴い、ロサンゼルス在住の姉夫婦と友人らで談笑しながら、マービン・ジョーンズ氏（世界中の動物園の情報を収集している記録係。来日経験があり、日本の多くの動物園関係者が渡米の折お世話になった）との面会を待っていた。1986年8月のことである。

事務所の奥から満面に笑みを浮かべながらやってきた彼は、

「ミスター川口、よくいらっしゃいました。今日は

サンディエゴ動物園正門前　（公財）東京動物園協会提供

どなたといらっしゃいましたか？」と私に尋ねた。

「家族一同。子どもの夏休みを利用して総勢10人です」と答えると
「それはすばらしい！　日本からくるお客さんは大抵一人で、2、3時間いるとパンフレットを集めてアタフタと帰ってしまうので、いつも残念だと思っていたんだ」と感激された。

「ところで明日はサンディエゴ・ワイルドアニマルパークに行くんだろうね？」

ときかれたが、

「いいえ、明日はシーワールドに行き、それからサンフランシスコと西海岸をシアトルまで……」と話すと、

「君はゾウ係だろう。ここまで来てワイルドアニマルパークに行かないのはもったいない。じつは私がヨーロッパから招聘《しょうへい》したすばらしいゾウ係がいるんだ。現在アメリカでも優秀なゾウ使いの一人だから、紹介しよう。ぜひ会っていきなさい」

と話すや否や、電話で予定を聞いてくるとすぐに立ち上がり、事務所に戻っていった。

私は内心、これはとんだもうけものだと一人ほくそ笑んだのだった。じつは訪米前に予定を決めるにあたり、訪問したい有名な動物園を10か所ぐらいリストアップして家族に提案したのだが、娘たちにあえなく却下され、絶対に訪問したいと主張したサンディエゴ動物園と

オレゴン州にあるワシントンパーク動物園（現在はオレゴン動物園に改名）のみとなっていたのだ。

夫婦の出会いは赤い糸で前世から結ばれていると例えられるが、マービン・ジョーンズ氏に紹介してもらったアラン・ルークロフトと私もまた、運命の糸で結ばれていたのではないだろうか。さっそく翌日会うことができた。

彼は、アジアゾウを自由自在に操り、見事なショーを見せてくれた。そして初対面にもかかわらず、夜は自宅に招待してくれて、私たちは楽しいひとときを過ごしたのだった。

まったくの予定外だったが、アランと知り会ったことは大きな収穫だった。

ワシントンパーク動物園を訪問

サンディエゴからサンフランシスコと西海岸の名所を楽

当時のアランのショー

しみながら旅の終わりに念願のポートランドに着いた。緑が豊かな街でバラがきれいに咲いている植物園を通りワシントンパーク動物園を訪問した。

〝動物園における飼育の最終目的は繁殖にある〟と、この当時も考えられていた。

このころから、私は動物園でのゾウの繁殖を考えていた。1984（昭和59）年、7歳で上野動物園に来園した2頭のメスゾウの繁殖を成功させるために、繁殖方法を学び応用したいと思っていた。ここワシントンパーク動物園には、ゾウの研究で著名な獣医師シュミット博士がいて、すでに大学と共同で繁殖の研究をしていた。発情の兆候を簡単に見分ける方法は「毎朝オスゾウに柵越しでメスゾウの陰部の匂いをチェックさせると、メスが発情していれば陰部に鼻端を付けてから口の中にいれてヤコブソン器官（鋤鼻器《じょびき》）（20ページの写真参照）でフェロモンをチェックするから簡単にわかる」さらに「メスの採血をすれば発情ホルモンのエストロジェン（エストロゲン）プロジェステロンの値から排卵期がわかる」と、博士はいとも明快に答えてくれた。そしてペアリングは室内で行い、交尾させるとのことだった。意外だったのは「ゾウは終日、肢を繋留《けいりゅう》せずに自由にしているが、それでも採血、削蹄《さくてい》はきちんとできる」と話していたことだった。そして「繁殖の成功は種《たね》オスに恵まれたことだが、このまま一頭の種オスで繁殖を続けると、いずれ近交劣化になるので、最近、繁殖経験のある一頭のオスゾウをサーカスから譲り受けた」ということも聞いた。すでに科学的なゾウの飼育管理を行っていたのだ。

私は帰国後すぐに、上野動物園でもオスゾウにメスゾウの陰部の匂いをチェックさせる方法を試みたのはいうまでもない。

初めての海外旅行は収穫の多い旅だった。

海外の動物園で学んだこと

訪米から3年後の1989(平成元)年には、日本動物園水族館協会主催のアメリカ西海岸、中部、東海岸を2週間で回る研修旅行に参加した。

北米ではこのころから、動物園の管理者とゾウ係の間で、ゾウの取り扱い方の隔たりが明らかになってきていた。園長やキュレター(動物のコレクションと担当の係員を統括する中堅幹部)は、一様に危険防止対策をどのようにしていくのがよいか思案していた。それもそのはず、北米では毎年のようにゾウ係の殉職事故が発生していたのだ。日本とてその点は同じで、前述したが、1960(昭和35)年に井の頭で、1974(昭和49)年に上野動物園で、そしてほかの動物園でも殉職事故があり、負傷者も出て同じように苦慮していた時代だった。

北米で、徹底して安全な方法を行っていた動物園では、ゾウを室内で繋留するとき、キュレターが監視につき、ゾウを繋留する人の腰に紐《ひも》をつけ、その紐の端を持つ飼育係が背後に控えていた。こうしておけば、万一ゾウに攻撃されても紐を引っ張ることで事故を防げるのだ。ここまで慎重を期しているのは、殉職者の家族からの訴訟まで視野に入れていたのかもしれない。

しかしこの安全管理の方法は、昔ながらの飼育方法でゾウを家畜やペットのように世話をしてきた私のようなゾウ係やサーカスの調教師にとっては、歯がゆいばかりだった。このようにゾウの取り扱い方を巡り、両者で意見の違いが見て取れた。

一方で、動物園の目的は単なる動物の展示施設から、動物を通じて自然のしくみを教える、あるいは種を保存する施設へと変わり始めていた。

新しい飼育法に出合う

2000（平成12）年3月に、41年間勤務した上野動物園を定年退職した私は、「エレファント・トーク」という個人事務所を開業した。そして講演を行ったり、鯉渕《こいぶち》学園農業栄養専門学校の非常勤講師や上野動物園動物相談員などを行ったりしているうちに、たちまち10年が過ぎた。

2010(平成22)年、北海道の札幌市円山《さっぽろしまるやま》動物園から「ゾウを導入するにあたってマスタープランを策定するので、外部コーディネーターになってほしい」と相談があった。退職後、直接動物園で仕事をすることはないと思っていたが、早速世界の情報を収集することにした。そこで〝運命の糸〟を手繰り寄せるように思い出したのがアランだった。長い間疎遠になっていたが、早速メールで状況を説明し、参考になりそうな動物園とその動物園を推薦する理由を問い合わせた。すぐに返信が来たが、彼の答えは私の予想外のものだった。

「20年前に聞かれたらたぶん違う答えをしただろうが、今は準間接飼育(プロテクテッド・コンタクト)の時代に変わりつつあるので、この飼育法ができるゾウ舎をつくるべきだ」

とアドバイスしてきたのだ。

仲間の殉職というつらい過去を背負っていた私は、「準間接飼育は100%安全で、しかも今まで直接飼育で行ってきた飼育管理の内容がすべてできる」という彼の飼育法にたちまち共感した。

ゾウを群れで導入する

動物園にゾウを導入しようと考えたとき、長年動物園でゾウ係として働いてきた一員として、私たちの経験が役立つという確信がある。ゾウと同じエリアで直接ゾウと接する方法では、ゾウ係の安全は保障できないということは経験ずみだ。アランの準間接飼育は安全が確保できるうえ、ゾウを24時間自由にさせて飼育するのだから、ゾウにとっても幸せなはずだ。

理想を言えば野生動物の環境に人間は入り込まず、介入しないことだろうが、実際は環境破壊がとどまることはなく密猟も後を絶たない。さらにゾウを見たいという人間の欲望は今後もなくならないだろう。ゾウの飼育を行い、繁殖させるのは動物園の使命である。

動物園が実行できるゾウの飼育の最善策に優先順位をつければ、繁殖を前提にした群れの導入とゾウの自由、さらに飼育係の安全を100%保障する方法がベストに思えた。

前述したように、2010（平成22）年、私は札幌市円山動物園から新ゾウ舎建設のアドバイザーの仕事を打診され引き受けた。そして、アランには私とともに円山動物園の設計アドバイザーとして加わってもらった。

円山動物園は2007（平成19）年に飼育していたゾウが死亡してからしばらくゾウの飼

育を行っていなかったが、新たにゾウを導入することが決まり、一丸となってゾウ舎の設計に対応した。およその設計図ができあがった段階で、ゾウ舎設計者と同園の管理職・設計管理係・飼育係は、アランを同行し、イギリスの準間接飼育でゾウを飼育している動物園を視察した。公立動物園の設計の場合に、工事関係者までもが一緒に海外まで視察にいくことはない。図面を見慣れた工事関係者も実際にできあがっている動物舎を見て初めて「アランの説明に納得できた」と言った。かねてより私は動物舎の設計の良し悪しは設計者がどれくらい動物のことを理解しているかによると考えていた。20億円以上もする動物舎をつくる場合、工事関係者は何をおいても最新の動物舎を見てその施設の長所を理解し、新しくつくる動物舎の設計に改善すべき点はないかを見直すことが最良と思う。視察した動物園は、すでにゾウの1日（24時間）を考えた飼育管理を行っていて、その様子をつぶさに見ることができた。「百聞は一見に如《し》かず」のことわざ通り、実りの多い視察となったことだろう。

ゾウ導入の計画は順調に進み、2018（平成30）年10月、日本国内でアランが計画段階から加わり、彼の奨《すす》める準間接飼育のできる屋内・屋外施設が完成した。そして11月末にミャンマーから、26歳の母ゾウとその子ども4歳のメス、13歳のメス、9歳のオスの計4頭がやってきた。アランはこの4頭の性格をすぐに見抜き、トレーニングに入っている。円山動物園の飼育係も一丸となり、彼の指導のもと準間接飼育法を会得するために4頭の飼育に当たっている。

札幌市円山動物園の屋内放飼場。高い場所に餌を吊るし、本来の野生ゾウの動きをみせる

札幌市円山動物園の屋外放飼場。群れでの生態も見られる

おわりに

ゾウという動物と新しいゾウの飼育法について、理解していただけただろうか。

2018年、イギリスを拠点とする旅行会社は、シャチの福祉を考えてフロリダのシーワールドへの旅行の提供を停止するという大きな決断をした。次はアジアゾウが対象になるかもしれない。ゾウの福祉を考えて、ゾウをコントロールする道具の手鉤《てかぎ》を用いる直接飼育を行う動物園は批判されることだろう。今後とても興味深い時代になっていくのではないだろうか。

体の大きなゾウを飼育するには、広いスペースが必要である。しかし、ただ広いだけではなく、ゾウの生態に考慮した施設をつくることが大切である。それが、この本で紹介した準間接飼育のための施設である。そんな施設ができれば、「ゾウの行動展示」……といってはおおげさかもしれないが、野生のゾウの生態を少しでも身近で観察することができるのではなかろうか。

日本の動物園がさまざまな動物の行動展示を行うようになったのは世界に比べたらずっと

遅い。

世界の動物園ではずっと以前から行動展示というものが行われてきた。例えば1976年、シカゴのブルックフィールド動物園では、ピューマが餌を捕る様子を再現させるためにマーモットを車両にのせて走らせ、ピューマがその車両を捕らえると餌が上から落ちてくる仕掛けをつくった。1995年には、ワシントンDCの国立動物園で、高さ11メートルの位置に150メートルの長い距離のロープを張り、オランウータンがロープを伝って室内から放飼《ほうし》場《じょう》に出て行く様子を見せて、動物園関係者を驚かせた。

日本でも東京の多摩動物公園が、世界に先駆けて1987（昭和62）年に、チンパンジー舎に人工のアリ塚をつくり、環境エンリッチメントが人々に知られるようになった。また、テーマパークの富山市ファミリーパークは、日本産動物に重点を置いた展示で話題をさらった。北海道の旭山《あさひやま》動物園は1997（平成9）年よりホッキョクグマやペンギン、アザラシ、サル山のサルを行動展示として見せることで、一時入園者数が日本一となった。いずれもゾウやパンダがいなくても、見せ方の工夫で入園者を増やした。旭山動物園の活況は全国の動物園関係者にも影響を与え、動物園ブームをもたらした功績は大きい。

本文でも触れたように、動物園の使命は展示と共に繁殖の一翼を担うことだが、これもまた容易ではない。50年後も動物園でゾウが見られるようにしようという思いでゾウを飼育する動物園が増えることを願う。

日動水加盟園館のゾウの飼育頭数は、アジアゾウの国内血統登録者によれば、２０１９年1月31日現在、アジアゾウは33園でオス21頭、メス62頭、合計83頭。サバンナゾウは15園でオス6頭、メス27頭で合計33頭。マルミミゾウは2園でオス1頭、メス1頭である。

すでに紹介してきたように、４頭のゾウの飼育を始めている札幌市《さっぽろし》円山《まるやま》動物園をはじめ、現在ゾウを飼育している東京の多摩動物公園と上野動物園では、アランにターゲット・トレーニングの指導を受けている。実際にターゲット・トレーニングを進めていくと、誰がやっても同じと思うのは誤解で、些《さ》細《さい》な部分がわからず空回りすることも多い。行き詰まるところは得てして同じなのだが、そんなときのアドバイスは、多くのゾウを見てきた彼の独壇場だ。

動物園の入園者数は減少しつつあるといっても、一年間に上野動物園には約４５０万人（２０１７年度）、２０１８年度の札幌市円山動物園には１００万人を超える人たちが訪れている。そして全国の有料動物園だけを見ても、年間およそ４４００万人もの人たちが訪れている（２０１７年度）。そんな人気のスポットが、動物園だ。「訪れて楽しむ」、これは動物園があることの一つの意味である。加えて、野生動物を通して地球の環境についても考え、野生動物の保護と繁殖に取り組む動物園の姿も見て欲しい。

動物園がこの先どうあるか、というのは、動物と人間がどう関わって共生していくか、という私たち一人一人につきつけられた課題につながる、哲学の問題でもある。ゾウという類まれな巨体の動物を、町の中で飼育することの難しさは、共生の難しさを象徴しているように思えるし、同時に考える手がかりを提供してくれる。

アランと私（川口）の思いを本にまとめたいとYHB編集企画の矢幅三砂子さんに相談したところ、幸いなことに筑摩書房の編集部部長・中島稔晃さんとプリマー新書の編集長・吉澤麻衣子さんをご紹介いただいた。私たち二人の本を出版してくださった筑摩書房のお二人に感謝申し上げたい。またアランの原稿の翻訳には、翻訳家および通訳の友人加藤由美子さんに大変お世話になった。

本文は矢幅さんにお世話になりアラン共々厚く御礼申し上げたい。

ゾウの飼育は共同作業であり、一緒にチームを組んだすべての飼育係にお礼を申し上げる。とりわけ太田（旧姓中井）豊さんは１９６３（昭和38）年から定年まで常に私の右腕として活躍し、兄弟のように過ごした。また、歴代園長、飼育課長、動物病院の獣医師の先生方には豊富な知見をご教示いただき感謝している。

そして私の親友であり、長い間私が原稿を書くにあたり多くの参考資料を提供し、かつ監修を引き受けてくれた故中里龍二さんにはこの本を書くにあたっても、多大な協力を得た。

写真は公益財団法人東京動物園協会、乙津和歌氏からお借りした。アジアゾウ血統登録情報は登録者の横島雅一氏、乙津和歌氏から、アフリカゾウ血統登録情報は群馬サファリパーク園長の川上茂久氏から提供していただいた。

これらの方々に厚く御礼を申し上げる。

末筆ではあるが、退職後長い間原稿の添削をはじめ諸々のことで私を支えてくれた妻明子に心より感謝する。

札幌市円山動物園や多摩動物公園をはじめ、ぜひ皆さん、動物園に足を運び、人にもゾウにもやさしい飼育法とほんとうのゾウの魅力や賢さをじっくり観察していただきたい。

2019年4月

川口幸男
アラン・ルークロフト

【参考文献】

今泉吉典監修『世界の動物　分類と飼育③　長鼻目』(財)東京動物園協会、1983年
川口幸男『ゾウの生態――とくに飼育下におけるゾウについて』化石研究会会誌第34巻第1号、2001年
川口幸男『心に残る園長の思い出』鯉渕学園教育研究報告26、2010年
小菅正夫『〈旭山動物園〉革命』角川oneテーマ21、2006年
中川志郎『動物園学ことはじめ』玉川選書、1975年
中川志郎『動物園の象』武蔵野　第70巻第1号　武蔵野文化協会、1992年
FAO編、加藤由美子訳『アジアゾウ飼育・健康・管理マニュアル』アジア産野生生物研究センター、2006年
桜田育夫『タイの象』めこん、1994年
Fowler, M. E. & Mikota, S. K., *Biology, Medicine, and Surgery of Elephants*, Blackwell, 2006
犬塚則久「長鼻目の進化」『世界の動物　分類と飼育③　長鼻目』(財)東京動物園協会、1983年
小澤幸重『歯の形態形成原論ノート』わかば出版、2011年
エレファント・トーク監修、さとうあきら写真『動物園［真］定番シリーズ③　ゾウ』CCRE、

２００８年
ヒューベルト＆ウルズラ・ヘンドリックス著、柴崎篤洋訳『ディクディクとゾウ』思索社、１９７９年
中村一恵『海を渡る象――その不思議な世界を探る』インツール・システム、２０１２年
中村千秋『アフリカで象と暮らす』文春新書、２００２年
Wilson, D.E. & Mittermeier, R.A. eds, *Handbook of The Mammals of The World*, Vol.2. Hoofed Mammals, Lynx Edicions, 2011
安間繁樹『ボルネオ島　アニマル・ウォッチングガイド』文一総合出版、２００２年
Lair, R.C.（加藤由美子訳『Gone Astray（行方不明）』FAO Regional Office for Asia and the Pacific (RAP), Thailand.（未発表）、２００５年
田谷一善編著『ゾウの知恵――陸上最大の動物の魅力にせまる』ＳＰＰ出版、２０１７年
長崎歴史文化博物館編『珍獣？　霊獣？　ゾウが来た！』長崎歴史文化博物館、２０１２年
井上こみち『動物飼育係・イルカの調教師になるには』ぺりかん社、２０００年
佐々木時雄『動物園の歴史』西田書店、１９７５年
恩賜上野動物園編『上野動物園百年史』第一法規出版、１９８２年

恩賜上野動物園編『上野動物園百年史　資料編』第一法規出版、１９８２年
京都市動物園編『京都市動物園１００年のあゆみ』京都市動物園、２００３年
ステファン・ブレイク著、西原智昭訳『知られざる森のゾウ——コンゴ盆地に棲息するマルミミゾウ』現代図書、２０１２年
Shoshani, J. *Elephants*, Rodale Press, 1992
Nowak, R. M. *Walker's Mammals of the World*, Vol. 1. 6th edition, The Johns Hopkins University Press, 1999

ちくまプリマー新書

249
生き物と向き合う仕事
田向健一
獣医学は元々、人類の健康と食を守るための学問だから、動物を救うことが真理ではない。臨床で出合った生き物たちを通じて考える命とは、病気とは、生きるとは？

011
世にも美しい数学入門
藤原正彦
小川洋子
数学者は、「数学は、ただ圧倒的に美しいものです」とはっきり言い切る。作家は、想像力に裏打ちされた鋭い質問によって、美しさの核心に迫っていく。

012
人類と建築の歴史
藤森照信
母なる大地と父なる太陽への祈りが建築を誕生させた。人類が建築を生み出し、現代建築にまで変化させていく過程を、ダイナミックに追跡する画期的な建築史。

029
環境問題のウソ
池田清彦
地球温暖化、ダイオキシン、外来種……。マスコミが大騒ぎする環境問題を冷静にさぐってみると、ウソやデタラメが隠れている。科学的見地からその構造を暴く。

038
おはようからおやすみまでの科学
佐倉統
古田ゆかり
毎日の「便利」な生活は科学技術があってこそ。料理も洗濯も、ゲームも電話も、視点を変えると楽しい発見がたくさん。幸せに暮らすための科学との付き合い方とは？

ちくまプリマー新書

175
系外惑星
——宇宙と生命のナゾを解く
井田茂
銀河系で唯一のはずの生命の星・地球が、宇宙にあふれているとはどういうこと？　理論物理学によって、太陽系外惑星の存在に迫る、エキサイティングな研究最前線。

176
きのこの話
新井文彦
小さくて可愛くて不思議な森の住人。立ち枯れの木、倒木、落ち葉、生木にも地面からもにょきにょき。「きのこ目」になって森へ出かけよう！　カラー写真多数。

177
なぜ男は女より多く産まれるのか
——絶滅回避の進化論
吉村仁
すべては「生き残り」のため。競争に勝つ強い者ではなく、環境変動に対応できた者のみ絶滅を避けられるのだ。素数ゼミの謎を解き明かした著者が贈る、新しい進化論。

178
環境負債
——次世代にこれ以上ツケを回さないために
井田徹治
今の大人は次世代に環境破壊のツケを回している。雪だるま式に増える負債の全容とそれに対する取り組みがこの一冊でざっくりわかり、今後何をすべきか見えてくる。

183
生きづらさはどこから来るか
——進化心理学で考える
石川幹人
現代の私たちの中に残る、狩猟採集時代の心。環境に適応しようとして齟齬をきたす時「生きづらさ」となって表れる。進化心理学で解く「生きづらさ」の秘密。

ちくまプリマー新書

187
はじまりの数学
野崎昭弘
なぜ数学を学ばなければいけないのか。その経緯を人類史から問い直し、現代数学の三つの武器を明らかにして、その使い方をやさしく楽しく伝授する。壮大な入門書。

193
はじめての植物学
――植物たちの生き残り戦略
大場秀章
身の回りにある植物の基本構造と営みを観察してみよう。大地に根を張って暮らさねばならないことゆえの、巧みな植物の「改造」を知り、植物とは何かを考える。

195
宇宙はこう考えられている
――ビッグバンからヒッグス粒子まで
青野由利
ヒッグス粒子の発見が何をもたらすかを皮切りに、宇宙論、天文学、素粒子物理学が私たちの知らない宇宙の真理にどのようにせまってきているかを分り易く解説する。

205
「流域地図」の作り方
――川から地球を考える
岸由二
近所の川の源流から河口まで、水の流れを追って「流域地図」を作ってみよう。「流域地図」で大地の連なり、水の流れ、都市と自然の共存までが見えてくる！

206
いのちと重金属
――人と地球の長い物語
渡邉泉
多すぎても少なすぎても困る重金属。健康を維持し文明を発展させる一方で、公害の源となり人を苦しめる。「重金属とは何か」から、科学技術と人の関わりを考える。

215 1秒って誰が決めるの？——日時計から光格子時計まで　安田正美

1秒はどうやって計るか知っていますか？ 137億年動かし続けても1秒以下の誤差という最先端のイッテルビウム光格子時計とは？ 正確に計るメリットとは？

223 「研究室」に行ってみた。　川端裕人

研究者は、文理の壁を超えて自由だ。自らの関心を研究として結実させるため、枠からはみだし、越境する姿は力強い。最前線で道を切り拓く人たちの熱きレポート。

228 科学は未来をひらく——〈中学生からの大学講義〉3　村上陽一郎　中村桂子　佐藤勝彦

宇宙はいつ始まったのか？ 生き物はどうして生きているのか？ 科学は長い間、多くの疑問に挑み続けている。第一線で活躍する著者たちが広くて深い世界に誘う。

250 ニュートリノって何？——続・宇宙はこう考えられている　青野由利

話題沸騰中のニュートリノ、何がそんなに大事件？ 素粒子物理学の基礎に立ち返り、ニュートリノの解明が宇宙の謎にどう迫るのかを楽しくわかりやすく解説する。

252 植物はなぜ動かないのか——弱くて強い植物のはなし　稲垣栄洋

自然界は弱肉強食の厳しい社会だが、弱そうに見えるたくさんの動植物たちが、優れた戦略を駆使して自然を謳歌している。植物たちの豊かな生き方に楽しく学ぼう。

ちくまプリマー新書

279
建築という対話
——僕はこうして家をつくる
光嶋裕介
家という空間を生み出す建築家は人や土地、風景との対話が重要だ。建築家になるために大切なことは何か？生命力のある建築のために必要な哲学とは？

289
ニッポンの肉食
——マタギから食肉処理施設まで
田中康弘
実は豊かな日本の肉食文化。その歴史から、畜産肉の生産と流通の仕組み、国内で獲れる獣肉の特徴、食肉処理場や狩猟現場のルポまで写真多数でわかりやすく紹介。

291
雑草はなぜそこに生えているのか
——弱さからの戦略
稲垣栄洋
古代、人類の登場とともに出現した雑草は、本来とても弱い生物だ。その弱さを克服するためにとった緻密な生存戦略とは？ その柔軟で力強い生き方を紹介する。

319
生きものとは何か
——世界と自分を知るための生物学
本川達雄
生物の最大の特徴はなんだろうか？ 地球上のあらゆる生物は様々な困難（環境変化や地球変動）に負けず子孫を残そうとしている。生き続けることこそが生物？

322
イラストで読むＡＩ入門
森川幸人
ＡＩってそもそも何？ ＡＩはどのように私たちの生活に入ってくるの？ その歴史から進歩の過程まで、数式を使わずに丁寧に解説。

ちくまプリマー新書

254
「奇跡の自然」の守りかた
――三浦半島・小網代の谷から
岸由二
柳瀬博一
笹を刈ったり、水の流れを作ったり、人が手をかけなければ自然は守れない。流域を丸ごと保全した「小網代の谷」の活動を紹介し、自然保護のあり方を考える。

244
ふるさとを元気にする仕事
山崎亮
さびれる商店街、荒廃する里山、失われるつながり。転換期にあるふるさとを元気にするために、できることはなにか。「ふるさとの担い手」に贈る再生のヒント。

185
地域を豊かにする働き方
――被災地復興から見えてきたこと
関満博
大量生産・大量消費・大量廃棄で疲弊した地域社会に、私たちは新しいモデルを作り出せるのか。地域産業の発展に身を捧げ、被災地の現場を渡り歩いた著者が語る。

198
僕らが世界に出る理由
石井光太
未知なる世界へ一歩踏み出す！　そんな勇気を与えるために、悩める若者の様々な疑問に答えます。いま、ここから、なにかをはじめたい人へ向けた一冊。

241
レイチェル・カーソンはこう考えた
多田満
環境問題の嚆矢となった『沈黙の春』をはじめとし、今なお卓見に富む多くの著作を残したレイチェル・カーソン。没後50年の今こそ、その言説、思想に向き合おう。

ちくまプリマー新書 327

動物園《どうぶつえん》は進化《しんか》する　ゾウの飼育係《しいくがかり》が考《かんが》えたこと

二〇一九年六月十日　初版第一刷発行

著者　川口幸男（かわぐち・ゆきお）
　　　アラン・ルークロフト

装幀　クラフト・エヴィング商會

発行者　喜入冬子

発行所　株式会社筑摩書房
東京都台東区蔵前二‐五‐三　〒一一一‐八七五五
電話番号　〇三‐五六八七‐二六〇一（代表）

印刷・製本　株式会社精興社

ISBN978-4-480-68352-6 C0245　Printed in Japan